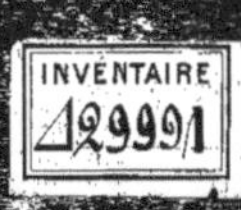

LIVRES JAPONAIS

ILLUSTRÉS

LIVRES JAPONAIS ILLUSTRÉS

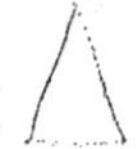

La Vente aura lieu le Jeudi 17 Novembre 1927

A deux heures précises

HOTEL DROUOT, Salle n° 10

Par le ministère de Me F. LAIR-DUBREUIL, COMMISSAIRE-PRISEUR

6, rue Favart, 6

Assisté de M. CHARLES VIGNIER, EXPERT

4, rue Lamennais, 4

EXPOSITION PUBLIQUE LE MERCREDI 16 NOVEMBRE 1927

Les livres seront visibles chez l'Expert du 1er au 12 Novembre.

ORDRE DE LA VACATION

Nos 81 à 150

Nos 2 à 80

No 1

CONDITIONS DE LA VENTE

Elle sera faite au comptant.

Les acquéreurs paieront **19,50 pour 100** en sus des enchères pour les ouvrages dont le prix d'adjudication sera supérieur à 300 francs le volume et **14,50 pour 100** pour ceux qui n'atteindront pas ce prix.

L'expert se réserve le droit, dans l'intérêt de la vente, de réunir ou de diviser les lots.

94.856. — Imprimerie Lahure, 9, rue de Fleurus, à Paris. — 1927.

CATALOGUE

Dressé par M. CHARLES VIGNIER

En collaboration avec Mlle M. DENSMORE

DE LA

BIBLIOTHÈQUE

DE

LIVRES JAPONAIS ILLUSTRÉS

APPARTENANT A M. ÉMILE JAVAL

PREMIÈRE PARTIE

PARIS, 1927

NOTES LIMINAIRES

Jusqu'à hier, les livres illustrés japonais ignoraient la vogue des estampes, vogue funeste qui allécha les vénalités et provoqua la dispersion au loin et surtout au majeur profit américain des collections françaises. On connaît que nos amis des Etats-Unis jouissent d'un dollar primant tout étalon monétaire. Ils ont récemment installé sur un piédestal d'or fin leur morale, que leur esthétique accompagne, si elle ne l'a devancée, à cette somptueuse altitude. Où le goût de la qualité n'existe pas, intervient ce qui passe pour son signe, la valeur : money speaks, *comme le proclamait volontiers le vieux Pierpont Morgan. Or des indices peu trompeurs m'avertissent — et la vente Javal le prouvera — que les livres japonais à images vont toucher aux chiffres mondiaux. Et la France, une fois de plus, se consolera de l'exode de ses reliques en constatant qu'elle fut une initiatrice. Gloire mélancolique ! Délectation morose!*

***

Hormi les catalogues de ventes et le catalogue dressé par Théodore Duret des livres japonais de la Bibliothèque Nationale, aucun ouvrage spécifique n'a précédé l'imposant volume qu'a publié en 1924, Mrs Louise Norton Brown, Block Printing and Book Illustration in Japan. *Il faut remercier l'auteur de son travail. Elle a relevé les catalogues de quelques importantes bibliothèques nippones, et nous munit ainsi, pour des recherches futures, de références qu'il convient d'apprécier. Mais ce fut là le principal de son effort. Il ne semble pas qu'elle ait vu, et certainement elle n'a pas ouvert les livres dont elle se borne à énumérer les titres, sans nulle collation. Elle ne mentionne ni le format des volumes, ni le nombre des gravures qu'ils renferment.*

Elle sait parfois — non sans quelques lourdes erreurs, inévitables d'ailleurs, en un sujet si neuf — qu'un livre a eu plusieurs éditions, mais elle ne se doute assurément pas qu'à la même date il existe, pour tous les ouvrages à succès, plusieurs éditions différentes et que le travail du critique consiste à rechercher, à discerner quelle est la véritable première édition et quelles sont les éditions postérieures qui frauduleusement portent la même date. J'ai tenté ce travail long et fastidieux, que j'achèverai peut-être quelque jour, sur les Riakugwa *de Masayoshi. Il s'agit, par des comparaisons de planche à planche, par des calques et des mensurations, de déceler, d'un volume à un autre, les variantes caractéristiques qui permettent d'affirmer que ces planches sont issues de bois différents et de décider qu'un bois fut antérieur à l'autre. Ce travail-là, Mrs Brown n'en a pas le soupçon, puisqu'elle écrit qu'elle ne voit pas la différence d'une édition moderne à une ancienne. Fleur !*

***

Dans l'ouvrage de Mrs Brown on lira avec intérêt tout le début qui traite des origines de la xylographie et de la xylogravure, tant en Chine qu'au Japon. Le sujet n'est pas neuf, mais très controversé (¹). *L'authoress affirme des faits que je ne puis vérifier et pour lesquels je lui donne provisoirement crédit. Elle affirme d'autres faits que je connais un peu et qui me paraissent contestables. Par exemple, voulant montrer — ce qui est vrai — que l'Europe retarda sur l'Extrême-Orient en ce qui concerne l'impression sur papier* (²) *par blocs de bois gravés, elle prétend que les premières xylogravures occidentales datent du début du XVᵉ siècle et que nous n'avons pas eu de livres à bois avant 1564. Ce sont là probablement des vérités extraites d'une encyclopédie qui fut l'omniscience du début du règne victorien. Mais M. Rahir mentionne un incunable à bois publié à Bamberg en 1461, et M. Lemoisne, qui s'est spécialement occupé des xylogravures, estime, qu'à ce jour, les plus anciennes se datent de la fin du XIVᵉ siècle* (³). *Puis, Mrs Brown voudrait faire remonter à 1667 l'invention au Japon de la chromoxylogravure, alors qu'on s'accordait à placer la première application de la couleur par blocs de bois au fameux livre de Shumboku de 1746 dont la Bibliothèque Javal contient un des deux exemplaires connus. A preuve*, un volume du Jinko-Ki *qui contiendrait* une *planche en couleur, que Mrs Brown a regardée par deux fois, avec une forte loupe et dont elle prétend qu'elle fut imprimée et non coloriée — grossièrement imprimée, d'ailleurs, convient-elle. Si cette planche en couleur est imprimée, il est vraisemblable qu'elle ne le fut pas qu'une fois. Il conviendrait donc d'attendre, pour une décision, qu'on ait découvert d'autres exemplaires avec la même planche en couleur. Là vraiment un commencement de preuve s'offrirait, préférable à la forte loupe de Mrs Brown, qui m'évoque irrésistiblement la vieille scie new-yorkaise :*

John Brown's baby has got a pimple on his nose

Et d'autre part, quiconque a goûté le romantisme du coloris des estampes chinoises, sait qu'il est difficile de décider si la couleur fut apposée au moyen d'un bois ou par le procédé de la poupée. Le coloriage au pinceau est hors de question puisqu'il opère toujours par superposition au subjectile, alors que la compression d'un papier humide sur le bois ou de la poupée sur le papier, agissent identiquement comme une teinture. Les monotypes de Degas, où toutes les techniques s'associent, sont à étudier.

***

Si l'on en croit Arthur Waley, et il faut le croire, qui n'est dupe que de son scepticisme apriorique et ne s'éberlue qu'aux phantasmes qu'il se crée, les plus anciennes xylographies japonaises dateraient du VIIIᵉ siècle. Et il semble avéré que toute une imagerie bouddhique xylogravée se distribuait aux fidèles vers le XIVᵉ siècle. Il n'existe donc pas de relation de cause à effet immédiate entre la gravure sur bois et l'Ukiyoyé, entre ce besoin du contenu neuf qu'offre la vie quotidienne et la technique de la xylogravure. Mais il serait absurde de s'imaginer que l'Ukiyoyé fut une fille sans mère, surgie, on ne sait comme, aux environs de l'ère de Genroku. L'art du

(¹) Cf. *Note on the invention of woodcuts*, par M. Arthur Waley.

(²) En Europe, les xylogravures sur tissu ont précédé celles sur papier. En France, la fabrication du papier n'a guère commencé que dans le deuxième quart du xivᵉ siècle, l'Italie ayant pris les devants d'environ un siècle. Antérieurement le papier, article de luxe, venait de Chine et son prix élevé l'adaptait mal aux besoins de l'imagerie. On consultera : *Le Papier*, par Louis Le Clert, à l'Enseigne du Pégase, 1926.

(³) Cf. *Les origines de la gravure en France...*, par André Blum. Vanoest, 1927.

« monde mouvant » est une des formes phénoménales de cette loi que l'art qui fut d'abord un ésotérisme, peu à peu, alors qu'il s'asservissait à la religion, tendit vers l'universalité. Rien ne servit mieux à la démocratisation de l'art que les images de piété, icones à bas prix, qui pénétraient chez tous les croyants. Puis les Monogatari *divulguèrent au populaire — et la xylogravure, comme chez nous l'imprimerie, furent les véhicules de cette diffusion — toutes les légendes chevaleresques et amoureuses, dont l'aristocratique école de Tosa ornait de précieux makimono. Apparurent enfin, dès le début du XVII*e *siècle, les* Meisho, *ces notations d'artistes pérégrins, qui, tout comme Utrillo, et avant lui, dessinèrent « ce qu'ils avaient devant les yeux ».*

Sauf qu'elle ne nous montre pas d'images bouddhiques, la Bibliothèque de M. Émile Javal fournit un excellent raccourci de l'état de choses que je viens d'exposer. Si Koyetsu fut un précurseur, il n'appartient pas à l'Ukiyoyé. Et pas davantage l'Isé Monogatari. *Shumboku et Morikuni ne peignirent pas de scènes de la vie. Ils s'occupèrent surtout à reproduire, à interpréter, à vulgariser des tableaux de maîtres anciens, tant chinois que japonais. Hanabusa Icho, Korin ne travaillèrent jamais pour le livre. Les dessins qu'on publia sous leurs noms sont des recueils posthumes, des compilations d'élèves.*

***

Sur un point de terminologie. On croit assez communément qu'on a porté un jugement définitif sur un livre à images ou sur une estampe si on a constaté la qualité du tirage. Bonne édition est une chose, bon tirage est une autre. On peut posséder un tirage médiocre — encore ne faut-il pas confondre fatigué, usé, frotté, avec une mauvaise impression — de l'édition originale ou un tirage parfait d'une édition postérieure, qui, ne l'oublions pas, ne fut pas gravée directement sur le dessin de l'auteur, mais sur une gravure, soit une œuvre mixte due à la collaboration du dessinateur et du graveur. Laquelle préférer ? Question d'espèce. Dans le cas d'une gravure en noir, pas de doute. Je choisirai toujours, pour sa majeure fidélité, l'édition princeps, quels que soient son état et sa qualité seconde, le tirage. Dans le cas d'une chromoxylogravure où s'implique la collaboration de l'artiste, du graveur et de l'imprimeur, l'hésitation est plausible. N'oublions pas toutefois que dans la plupart des éditions tardives, l'œuvre originale est déformée jusqu'à la trivialité.

Ces notes se prolongeraient à plaisir. Hélas ! l'espace comme le temps m'oppriment. Vous quitter est mon regret, bienveillant lecteur.

C. V.

LIVRES JAPONAIS ILLUSTRÉS

1 — HONAMI KOYETSU. *Waka Sanju Rokkasen.* Les trente-six poètes. Titre manuscrit : *Koyetsu Sanju Rokkasen. — Reproduction pl. I.*

Ni préface ni colophon. Première édition de cet ouvrage qu'on considère au Japon comme antérieur à l'*Isé Monogatari* (1608). Il serait donc vraisemblablement de la fin du XVIe siècle.

1 vol., haut., 320 millim. ; larg., 250 millim., contenant 36 pages de gravures en noir.

Il semble que tel quel, sans préface ni colophon, ce livre soit complet, avec ses couvertures originales. Magnifique tirage. Le papier a jauni. Quelques taches et trous de vers romantiques ne lui nuisent pas, ni que les bas de pages montrent quelque fatigue. Passe au Japon pour introuvable.

2 — ANONYME. *Isé Monogatari.* Récits d'Isé. *Kécho Nenshu.* Époque Kécho. (Titre manuscrit).

Post-face signée : Yasokuso et datée Kécho Tsuchinoé Saru (1608). Possesseurs Kenko et Shokosaï.
Hayashi n° 1362, cite une édition de Kyoto datée 1610. Voir le catalogue Haviland, 4e vente, qui décrit une édition semblable à la nôtre. Duret nos 2 et 3.

2 vol., haut., 270 millim. ; larg., 185 millim., contenant 48 pages de gravures en noir sur papiers de tons divers.

Exemplaire de l'édition princeps sur papiers de tons différents. (Il existe une édition postérieure sur papier blanc). Très bel état de ce livre rarissime. Quelques coloriages discrets.

3 — ANONYME. *Eiri Fuji no Hito Ana.* L'histoire illustrée de la grotte humaine du mont Fuji.

Sur la couverture une inscription manuscrite dit que cet ouvrage peut être vrai ou faux et que celui-là est vrai. Entendons qu'il s'agit de l'édition princeps et des éditions postérieures.
Pas de préface. Fin datée : hiver de l'année Tsuchinoto Hi de Manji (1659). Éditeur Shokwaï.

2 vol. réunis en un seul. Haut., 272 millim. ; larg., 185 millim., contenant 8 pages de gravures en noir.

Très bel exemplaire d'un ouvrage rare.

4 — ANONYME. *Honcho Retsujo Den.* Biographies des femmes vertueuses du Japon. — *Reproduction, pl. IV.*

1re préface signée : Zensaï Rojin et datée 3e de Méréki (1657).
2e préface signée : Okuran Sanjin Yàshi Hofu et datée 3e de Kwambun (1663).
3e préface signée : Yasu Hirotada (c'est l'auteur) et datée 1re de Méréki (1655).
Post-face signée : Nanki Kései Rizenchoku. Fin datée 8e de Kwambun (1668) 2e édition. Éditeur Murakami Hérakuji. Libraire à Kyoto à l'adresse Nijodori Tamaya Cho.

10 vol., haut., 267 millim. ; larg., 194 millim., contenant 182 pages de gravures en noir.

Exemplaire superbe. Beau tirage.

5 — Hishikawa Moronobu. *Bukei Hyakunin Isshu.* Cent poésies de guerriers. — *Reproduction, pl. III.*

Préface non signée, non datée.
Fin datée 12e de Kwambun (1672). Calligraphe Togetsu Nanshu. Peintre : Hishikawa Kichibei. Éditeur Tsuruya Kiyémon. Voir le catalogue Haviland, 2e vente, n° 475, qui décrit un exemplaire semblable.

1 vol., haut., 272 millim.; larg., 190 millim., contenant 100 pages de gravures en noir.

Exemplaire superbe en tirage irréprochable de ce livre rare.

6 — Moronobu. *Yédo Suzumé.* Moineaux de Yédo. (Récits de Yédo.) — *Reproduction, pl. II.*

Préface non signée. Post-face non signée.
Signé : Eshi Hishikawa Kichibei, 5e de Empo (1677). Éditeur Tsuruya Kiyémon à l'adresse Odéma Sanchomei à Yédo.
Au début de l'ouvrage, un possesseur nommé Keiinkio écrit que Ikigami Tarozayémon lui a cédé ces volumes la 6e année de Bunka et qu'il les garde précieusement. Cachet de possesseur Keirinsha. Le catalogue Haviland, 4e vente, décrit un ouvrage semblable mais dont la post-face était signée Kinko Entsu.

12 vol., haut., 257 millim.; larg., 183 millim., contenant 42 pages de gravures en noir.

Très bon tirage. Quelques pages tachées.

7 — Moronobu. *Hyakunin Isshu Zosansho.* Les cent poésies avec portraits et commentaires. — *Reproduction, pl. IV.*

Préface non signée portant le même titre.
Post-face non signée, datée de l'époque de Kécho, 1re année (Kécho Gaméki) (1596).
Fin signée : Yamato Eshi Hishikawa Kichibei Moronobu. Daté 6e de Empo (1678). Ouvrage nouveau (Shinpan). Éditeur Uroko Gataya à l'adresse Odémacho Sanchomei. Mrs Brown donne 1683 comme date de l'édition princeps de cet ouvrage et signale l'édition de 1692 comme seconde édition. Il existe également une édition sans date ni nom d'éditeur.

3 vol., haut., 273 millim.; larg., 188 millim., contenant 102 pages de gravures en noir.

Contrairement à l'assertion de Mrs Brown la première édition n'est pas de 1683. Notre exemplaire daté de 1678 donne en tout cas une édition antérieure. Est-ce l'édition princeps? Tout dépend de l'interprétation du sens équivoque de Shinpan qui signifie aussi bien réédition que livre qui vient de paraître, nouveauté. Notre exemplaire n'est pas homogène. Le 2e volume porte une couverture bleue; le 1er et le 3e, une couverture jaune. Très beau tirage.

8 — Moronobu. *Yamato Ezukushi.* Recueil de dessins japonais. — *Reproduction, pl. I*

Préface portant le même titre, signée : Ankei.
Post-face portant le titre : *Yamato Ehon Zukushi*, album complet du Japon, signée : Yamato Eshi Hishikawa Kichibei no Jo.
Date 8e de Empo (1680). Éditeur Uroko Gataya Sanzayémon. Le catalogue Haviland, 2e vente, n° 476, décrit ce même livre avec un titre inexact (probablement manuscrit), appartenant à un autre ouvrage.

1 vol., haut., 269 millim; larg., 185 millim., contenant 40 pages de gravures en noir, coloriées à la main.

Magnifique tirage en bel état. Quelques coloriages.

9 — Moronobu. *Shinpan Waka Shiusen Sho.* Commentaires sur des poésies japonaises. Nouvelle édition.

Préface non signée (de l'auteur Sogi).
Post-face signée : Sogi et datée 16e de Bummei (1484). Notre livre reproduit un manuscrit de la fin du XVe que Moronobu illustra et fit éditer. La post-face de 1484 est la post-face originale dudit manuscrit. Quant au titre Shinpan, il ne signifie pas ici une nouvelle édition de Moronobu, mais une première édition de ce manuscrit avec des illustrations, c'est-à-dire une nouveauté.
Signé : Eshi Hishikawa Moronobu et daté 8e de Empo (1680). Éditeur Shokwaï.

3 vol., haut., 274 millim.; larg., 187 millim., contenant 79 pages de gravures en noir.

Très beau tirage en parfait état.

10 — Moronobu. *Shinpan Eiri Isé Monogatari.* Nouvelle édition illustrée de l'Isé Monogatari.

Manque une page au début de l'ouvrage.
Signé : Eshi Ishikawa Kichibei et daté mars, Tsuchinoto Hitsuji, 7e de Empo (1679). Éditeur Shokwaï. Cachet de possesseur Hirosei.
Mrs Brown signale 2 éditions par Moronobu, de l'Isé Monogatari, en deux volumes. Une est datée 1669 et l'autre 1678. Le catalogue Haviland, 4e vente, décrit no 330, une nouvelle édition (Shinpan) de cet ouvrage, qui comprenait une post-face manquant ici. La date a disparu excepté le mois, mars. Cette édition comprenait 3 volumes et 31 pages de gravures. L'exemplaire Duret no 39 qui est en deux volumes réunis en un seul, a également 31 pages de gravures, alors que notre exemplaire n'en a que 27. Il manque ici les deux frontispices et une double page de gravures au début. Enfin l'exemplaire Duret, qui, comme l'exemplaire Haviland, n'est pas daté, possède au début une préface ou table des matières qui n'existe pas ici.

2 vol. réunis en un seul, haut., 267 millim.; larg. 190 millim., contenant 27 pages de gravures en noir.

Très beau tirage.

11 — Moronobu. *Hishikawa Shoshoku Ehon Kagami.* Le miroir des métiers. — *Reproduction, pl. II.*

Préface non signée portant un titre un peu différent : *Wakoku Shoshoku Esukushi.*
Post-face signée : Eshi Hishikawa Moronobu, cachet Hishikawa et datée 2e de Teikio (1685). Cachet de possesseur Hikoma. Le catalogue Haviland, 2e vente, décrit une édition en trois volumes non datée. L'exemplaire Duret no 40 qui comprend 4 tomes en trois volumes est également non daté, simplement 2e mois. Mme Brown signale la première édition datée 1681.

2 tomes en 4 volumes, haut., 270 millim.; larg., 183 millim., contenant 86 pages de gravures en noir et 3 frontispices, soit 89. Le catalogue Haviland 2e vente indique 91 pages de gravures et le catalogue Gonse 3e vente, 69 pages seulement.

L'exemplaire Haviland, avec 91 pages de gravures était complet. Il manque à notre exemplaire à la fin du troisième volume le feuillet 24 comportant 2 pages de gravures.

Les trois premiers volumes de notre exemplaire sont vêtus d'une couverture ocre jaune et sont parfaits de tirage. Le quatrième volume est un peu fatigué et quelques planches sont coloriées. Il est possible que les trois premiers volumes appartiennent à la 1re édition, alors que le 4e volume serait de la deuxième.

12 — Moronobu. *Yonosuké Koshoku Ichidaï Otoki.* La vie d'un débauché.

Pas de préface.
Daté 4e de Teikio (1687). Signé : Yamato Eshi Hishikawa Kichibei Moronobu. Éditeur Otsuya Shirobe à Nihonbashi (Yédo). Post-face signée : Rakugeisu Han Seigin.

8 vol., haut., 230 millim.; larg., 165 millim., contenant 55 pages de gravures en noir.

Tirage inégal souvent excellent de ces illustrations intéressantes. Bon état.

13 — MORONOBU. *Igyo Sennin Ehon.* Recueil des Sennin. *Reproduction, pl. III.*

Préface non signée portant le titre : *Igyo Sennin Zukushi.*

Une post-face d'éditeur dit que ces dessins sont l'œuvre d'Hishikawa Moronobu.

Daté 2e de Genroku (1689). Éditeur Uroko Gataya à l'adresse Odémacho Sanchomei. Catalogue Haviland, 2e vente, nº 482 qui signale un ouvrage semblable à la même date marqué *Shinpan*, nouvelle édition.

3 vol., haut., 256 millim.; larg., 180 millim., contenant 60 pages de gravures en noir.

Shinpan *ne signifie pas nécessairement nouvelle édition dans le sens de réédition. Il s'emploie aussi dans le sens de nouveauté, correspondant à « vient de paraître ». Il semble que nous possédons dans le présent exemplaire, l'édition princeps en très bon tirage et d'une agréable conservation.*

14 — MORONOBU. *Eiri Genji Kumokakuré Maki.* Le Genji illustré. Le frontispice porte un titre différent : *Genji Sho, Rokuyo*, extrait du Genji en six cahiers. — *Reproduction, pl. III.*

Post-face du bonze Shinyo à Ishiyamadéra, datée 1re année de Kobei (1058). C'est la post-face du manuscrit original du Genji Monogatari.

Mme Brown date cet ouvrage 1690 et signale la post-face de 1058. L'édition ci-dessus n'est pas datée. Éditeur Uroko Gataya. Cachets de possesseurs Hayashi et Kodo.

3 vol., haut., 270 millim.; larg., 185 millim., contenant 22 pages de gravures en noir.

Très beau tirage.

15 — MORONOBU. *Yokei Tsukuri Niwa no Zu.* Modèles de jardins.

Petite préface non signée.

Post-face de Moronobu.

Fin signée : Nihon Eshi Hishikawa Kichibei Moronobu et datée 5e mois de Hitsuji de Genroku (1691). Éditeur Uroko Gataya à l'adresse Odénia Sanchomei. C'est ici la première édition de cet ouvrage. L'édition postérieure, non datée, comporte des variantes importantes; les personnages ont été supprimés.

1 vol., haut., 259 millim.; larg., 185 millim., contenant 36 pages de gravures en noir. On a tenté d'effacer sous de la gouache des notes manuscrites qu'un possesseur avait apposées sur chaque gravure.

Très bon tirage de ce volume qui est rare en première édition.

16 — MORONOBU. *Bokuyo Kyoka Shu.* Poésies parodiques de Bokuyo. — *Reproduction, pl. II.*

Préface non datée, non signée.

A la fin du dernier volume l'éditeur Uroko Gataya dit que cet ouvrage étant devenu très rare, il le réédite sous une forme nouvelle en deux volumes.

Il existe donc deux éditions des poésies de Bokuyo, illustrées par Moronobu. La première en date est de grand format; elle est reproduite dans le catalogue Haviland, 4e vente, pl. 4 et décrite dans le catalogue Gonse 3e vente, nº 397. Duret la mentionne également, nº 23. Ces trois exemplaires ne portent ni date ni signature. Mme Brown décrit un exemplaire de grand format daté 1681.

L'exemplaire que nous décrivons ici est celui de petit format qu'on trouve dans le catalogue Duret nº 24, où la note de l'éditeur Uroko Gataya a disparu.

2 vol., haut., 228 millim.; larg., 160 millim., contenant 22 pages de gravures en noir.

Excellent tirage en bonne condition.

17 — MORONOBU. Volume sans titre, remonté et incomplet.

Fin datée 13e de Genroku (1700). Éditeurs Iséya Seihei et Hangiya Shinsuké à Yédo. Libraires Iséya Hanyémon et Shokwabo.

1 vol., haut., 259 millim.; larg., 180 millim., contenant 4 pages de gravures en noir.

Superbe tirage en bon état.

18 — MORONOBU. Album composé de six feuillets formant le début d'un ouvrage et de six autres feuillets formant la fin d'un autre ouvrage, qui tous montrent des scènes de la vie galante.

Fin signée : Hishikawa Moronobu. Daté 4e de Teikio (1687). Éditeur Shokwaï Han à Yédo.

1 vol., haut., 257 millim.; larg., 187 millim., contenant 23 pages de gravures en noir.

Tirage de premier ordre. Quelques pages coloriées. Une endommagée vers la marge.

19 — MORONOBU. *Hyakunin Isshu.* Cent poésies (Manque le titre). — *Reproduction, pl. III.*

Manque la préface. Post-face d'éditeur non signée.
Signé : Hishikawa Shi Moronobu. Daté 5e année de Kyoho (1720). Éditeur Nishimura Dembei.

1 vol., haut., 257 millim.; larg., 177 millim., contenant 101 pages de gravures en noir.

Édition posthume. Tirage moyen. Exemplaire jauni. Quelques pages tachées. Un petit manque à la première page.

20 — ANONYME. *Shinpan Choja Monogatari.* Récits d'un riche. Nouvelle édition. *Reproduction, pl. II.*

Une inscription manuscrite attribue cet ouvrage à Hishikawa (Moronobu). Éditeur Uroko Gataya.

2 vol., haut., 225 millim., larg., 156 millim., contenant 14 pages de gravures en noir.

L'attribution à Moronobu est des plus vraisemblables. Tirage et condition agréables.

21 — ANONYME. *Hozo Biku.* Biographie du bonze Hozo. — *Reproduction, pl. I.*

Sans date ni nom d'auteur.
Éditeur Uroko Gataya Magobei à l'adresse Odéma Sanchomei. Cachets de possesseur Shikitei Samba

1 vol., haut., 253 millim.; larg., 161 millim., contenant 10 pages de gravures en noir. Le volume commence à la page 2; manque probablement un feuillet de préface.

Cet ouvrage, très imbu du style de Moronobu, se date certainement de la fin du XVIIe siècle, autour de 1670-1680. Bel exemplaire.

22 — ANONYME. *Nishinko Jizo no Onji.* L'histoire de Nishinko Jizo.

Fin datée 3e de Empo (1675). Éditeur Nishizawa Tahei.

1 vol., haut., 217 millim.; larg., 160 millim., contenant 11 pages de gravures en noir. Manque le 11e feuillet.

Bon tirage. État médiocre, facile à améliorer si l'on doublait les feuillets.

23 — Anonyme. *Shizuka Azuma Kudari.* Le voyage de Shizuka dans l'est. Pièce de Joruri. — *Reproduction, pl. I.*

Manque probablement la préface.
A la fin du volume une date manuscrite, 3e de Teikio (1686). Cachet de possesseur Fukuda Bunko.

1 vol., haut., 212 millim.; larg., 158 millim., contenant 10 pages de gravures en noir.

Bon tirage en état suffisant.

24 — Anonyme. *Musumé Shitémo.* Quatre héroïnes. Roman.

Auteur : Yamamoto Yasogoro. Éditeur Shoonya Tokuro.

1 vol., haut., 237 millim.; larg., 161 millim., contenant 6 pages de gravures en noir.. Manquent 2 pages de texte au début, sans doute une préface.

Bon tirage d'un volume datant vraisemblablement de la fin du XVIIe siècle. L'exemplaire est remonté.

25 — Wa-O. (Hishikawa Inshi.) (*École de Moronobu*). *Moshiyo Gusa.* Herbes salées. Étude sur le bouddhisme. — *Reproduction, pl. II.*

Point de préface.
Fin datée Kinoé Né, 1re année de Teikio (1684). Signé : Eshi Wa-O. Cachet de possesseur Kobundo.

1 vol., haut., 250 millim.; larg., 183 millim., contenant 16 pages de gravures en noir.

Livre curieux et rare, en très bon tirage. Exemplaire un peu fatigué. Papier jauni.

26 — Morofusa (?). *Tensho Gunki.* Récits guerriers de l'époque de Tensho.

Sans préface.
Les 1er, 2e, 3e, 5e, 6e et 7e volumes sont datés de l'année de Tora. Le 4e est daté Kanoé Tora, 7e de Hoyei (1710). Éditeur Uroko Gataya Magobei. Possesseur Wakaï.

7 vol., réunis en 5 vol., haut., 187 millim.; larg., 136 millim., contenant 42 pages de gravures en noir.

Ouvrage rare en tirage inégal, ainsi qu'il est fréquent pour les livres de cette date. Très bon état.

27 — Kiyonobu. *Koshoku Daïfukucho.* Journal d'un coureur. Roman. — *Reproduction, pl. IV.*

Préface signée : Kinshi Momo no Hayashi, cachet Shiséki.
Fin datée 10e de Genroku (1697). Peintre : Torii Shobei.
Au début cachet de possesseur Shikwado, à la fin celui de Darumayé Goïchi.

5 vol. réunis en un seul. Haut., 225 millim.; larg., 159 millim., contenant 32 pages de gravures en noir coloriées à la main. Au 2e volume le feuillet n° 3 est déchiré.

Très bon tirage d'un livre rarissime de Kiyonobu. Quelques fâcheuses touches de gouache sur des visages sont à déplorer.

28 — Okumura Masanobu. *Wakakusa Genji Monogatari.* Roman. — *Reproduction, pl. II.*

Préface signée : Rakuyo Inshi Yo Shitsukon, cachet Shiin et datée 4ᵉ de Hoyei (1707).
Signé : Yamato Eshi Okumura Shinméo Masanobu, cachet Masanobu. Daté 4ᵉ de Hoyei (1707). Éditeur Sansendo Yamashiya Sudo Gombei, cachet Eshun, à Yédo.

6 vol., haut., 260 millim.; larg., 170 millim., contenant 35 pages de gravures en noir.

État parfait d'un ouvrage rare.

29 — Masanobu. *Danshoku Hiyoku Dori.* Oiseaux doubles. (Il y est traité de la sodomie). — *Reproduction pl. IV.*

Préface signée : Azuma no Kamiko, c'est un pseudonyme.
Signé : Okumura Shinméo Masanobu, cachet Okumura Masanobu. Daté 4ᵉ de Hoyei (1707). Éditeur Yamadaya Sanshiro à l'adresse Shiba Shinmei Monzen à Yédo. Cachets de possesseurs Darumaya Goïchi, Minami Shinji et Sékimaru Bunko. Le catalogue Haviland, 2ᵉ vente, nº 487, décrit un ouvrage semblable.

5 vol. sur 6. (Manque le 2ᵉ vol.), haut., 263 millim.; larg., 182 millim., contenant 34 pages de gravures en noir.

Beau tirage en état satisfaisant de cet ouvrage malheureusement incomplet d'un volume.

30 — Masanobu. *Okumura Masanobu Zu.* Dessins de Okumura Masanobu. — *Reproduction, pl. III.*

Dernière page signée : Okumura Masanobu, cachet répétant la signature. Cachet de possesseur Koko.

1 vol., haut., 265 millim.; larg., 180 millim., contenant 10 doubles pages de gravures en noir.

Il est impossible de déclarer que cet ouvrage, qui ne porte qu'un titre insignifiant, d'ailleurs manuscrit, qui ne possède ni préface ni colophon, est complet. Très beau tirage en noir. La première page est endommagée; d'autres un peu frottées. Couvertures factices.

31 — Anonyme. *Karukaya Doshin.* Titre d'une pièce de Joruri.

Fin datée 2ᵉ de Shotoku (1712). Éditeur Tsuruya Kiyémon, à l'adresse Odéma Sanchomei.

1 vol., haut., 216 millim.; larg., 162 millim., contenant 6 pages de gravures en noir. Le volume paraît complet bien que le foliotage ancien donne parfois deux numéros pour le même feuillet.

Assez bon tirage. Raccommodage à 2 feuillets.

32 — Anonyme. *Nihonki Susano Ono Mikoto.* L'histoire de Susano Ono Mikoto. Pièce de théâtre.

A l'intérieur, ce sous-titre : *Kataoka Nizaïmonza Oatari*, grand succès du théâtre Kataoka Nizaïmonza, suivi d'une liste d'acteurs avec les noms de leurs rôles.
Fin datée : un jour faste de mars. Éditeur Kyogen Onya Kuzayémon (librairie théâtrale à Kyoto).

1 vol., haut., 228 millim.; larg., 163 millim., contenant 5 pages de gravures en noir. (L'ouvrage commence à la page 3).

Volume remonté. Bon tirage.

33 — ANONYME. *Toriu Oguri Hangan.* Pièce de Joruri dont le héros est Oguri Hangan.

Manque probablement la préface. Éditeur à Osaka : Hiranaya Gohei à l'adresse Hiranocho. Possesseur Kononushi Senkwa.

1 vol., haut., 225 millim.; larg., 162 millim., contenant 9 pages de gravures en noir. (L'ouvrage commence à la page 3).

Volume remonté. Les gravures sont d'une rare élégance de style. Bon tirage.

34 — ANONYME. *Isé Gosengu.* Transfert du temple d'Isé. Pièce de Joruri.

Manque probablement la préface. Ni date ni nom d'auteur. Éditeur Yamamoto Kuhei.

1 vol., haut., 232 millim.; larg., 160 millim., contenant 10 pages de gravures en noir. (L'ouvrage commence à la page 3.)

Volume remonté. Assez bon tirage.

35 — NISHIKAWA SUKÉNOBU. *Kodaï Moyo* (titre manuscrit). Décors anciens pour kimonos. — *Reproduction, pl. II.*

C'est sans doute l'ouvrage intitulé *Shotoku Hinagata*, décors de kimonos de la période Shotoku. Ce livre, extrêmement rare, est le premier dessiné par Sukénobu et serait daté 1713.

Le volume décrit ici porte l'indication : 2e volume. Il est folioté de 3 à 15 avec deux frontispices, l'un au début, l'autre au neuvième feuillet. Ni préface, ni colophon.

1 vol., haut., 218 millim.; larg., 160 millim., contenant 26 pages gravures en noir.

Exemplaire fatigué d'un livre charmant et rare, en tirage parfait. Couvertures tachées.

36 — SUKÉNOBU. *Kyoho Hinagata.* Dessins pour kimonos de l'époque Kyoho.

Préface signée : Hachimonji Jisho, cachet Kamé et datée printemps de Kyoho (1716-1735).

Signé : Yamato Eshi Nishikawa Sukénobu, cachet Sukénobu. A la fin, cachet de possesseur : Maruri Zosho (bibliothèque). Mrs Brown signale cet ouvrage comme étant en un volume et lui donne la date 1716.

3 vol. réunis en un seul (les feuillets sont souvent intervertis), haut., 219 millim.; larg., 158 millim., contenant 92 pages de gravures en noir. Quelques-unes sont coloriées à la main.

Ouvrage très rare en beau tirage. Quelques feuillets tachés.

37 — SUKÉNOBU. *Sanju Niso Sugata Kurabé. Jochu Kiokun Shinasadamé.* Trente-deux physionomies pour l'éducation des femmes. *Kawarimon Zukushi Iri.* Illustrations avec les armoiries. — *Reproduction, pl. III.*

Dessinateur : Nishikawa Shi, fudé.

Post-face d'éditeur non signée. Graveur Murakami Genyémon, à Osaka. Éditeur Kyoya Kosuké. Date 2e de Kyoho (1717).

1 vol., haut., 205 millim.; larg., 149 millim., contenant 32 pages de gravures en noir et un frontispice, ce qui fait 33.

Très beau tirage. Exemplaire un peu fatigué.

38 — SUKÉNOBU. *Ehon Kawana Gusa.* Recueil de beautés. — *Reproduction, pl. III.*

Préface non signée.
Signé : Rakuyo Bunkwado Nishikawa Sukénobu, cachet Sukénobu. Date 4e de Enkio (1717).
Libraire éditeur Kikuya Kihei à Kyoto. Cachet de possesseur Tokio. A la fin de l'ouvrage une double page d'annonces.

2 vol. réunis en un seul., haut., 254 millim. ; larg., 175 millim., contenant 56 pages de gravures en noir.

Bon exemplaire, bien conservé de ce volume rare de Sukénobu.

39 — SUKÉNOBU. *Hyakunin Joro Shinasadamé.* Les cent femmes — *Reproduction, pl. I.*

Préface signée : Achimonji Jisho, cachet Kamé et Nishikawa Sukénobu, cachet Sukénobu. Elle est datée 8e de Kyoho (1723).
Fin portant la même date. Éditeur Hachimonjiya Hachizayémon à Kyoto. Hayashi, nº 1467, décrit une édition originale (dont il ne donne pas la date) de cet ouvrage et qui ne contiendrait que 52 pages de gravures.

2 vol. réunis en un seul (la fiche de titre du 2e volume est collée au verso de la couverture) haut., 285 millim. ; larg., 195 millim., contenant 92 pages de gravures en noir.

Bon tirage d'un des plus gracieux ouvrages de Sukénobu.

40 — SUKÉNOBU. *Onna Manyo Keiko Zoshi.* Modèles de calligraphie pour les femmes. — *Reproduction, pl. IV.*

Préface non signée.
Post-face de l'auteur signée : Hayashi Uji Ranjo. Date de l'édition, 13e de Kyoho (1728). Éditeurs Yamaguchi Mohei à Kyoto et Ogawa Hikokuro à Yédo. Hayashi, nº 1468.

3 vol., haut., 269 millim. ; larg., 189 millim., contenant 9 pages de gravures en noir.

Très beau tirage. Conservation satisfaisante.

41 — SUKÉNOBU. *Jokiyo Bunsho Kagami.* Miroir des lettres pour l'enseignement des femmes. La table des matières du frontispice, illustré de deux cerfs, porte le titre *Joyo Bunsho*, lettres journalières pour les femmes. — *Reproduction, pl. IV.*

Préface non signée qui est la même que celle de l'*Onna Manyo Keiko Zoshi* ; mais l'écriture a changé.
Ensuite 18 pages de texte et d'illustrations qui ne se trouvent pas dans l'*Onna Manyo* (pages d'enseignements pour écrire) ; puis une table des matières semblable, mais illustrée et disposée différemment.
L'ouvrage devient alors conforme à l'*Onna Manyo*, mais il contient 4 pages supplémentaires d'illustrations, 2 au début, et 2 à la fin.
Même post-face signée : Hayashi Uji Ranjo. Dessinateur : Nishikawa Uji Sukénobu.
Date 2e de Kwanho (1742). Éditeur libraire Kikuya Kihei à Kyoto. Mrs Brown décrit l'*Onna Manyo* et le *Joyo Bunsho* comme deux ouvrages différents. Elle indique une édition du *Joyo Bunsho* datée 1755 et portant un frontispice en couleurs représentant deux faisans. Elle pense d'ailleurs que cet ouvrage bien que portant la signature de Sukénobu est l'œuvre de son fils, la date d'édition 1755 étant postérieure à la mort de Sukénobu. L'édition de 1755 étant une réédition posthume, l'intervention filiale cesse d'opérer.

1 vol., haut., 264 millim. ; larg., 186 millim., contenant 33 pages de gravures en noir coloriées à la main, plus un frontispice.

Exemplaire un peu fatigué. Trous de vers.

42 — SUKÉNOBU. *Ehon Tokiwa Gusa.* Les herbes toujours vertes.

Préface signée : Rakuyo Gwako Bunkwado Nishikawa Sukénobu, cachets Nishikawa et Sukénobu et datée 15e de Kyoho (1730).
Signé : Sakusha Gwako, Kyoto Nisbikawa Sukénobu. Graveurs Fujimura Zenyémon et Murakami Genyémon à Osaka. Édité l'année Kanoé Inu de Kyoho (1730) et mis en vente au mois d'août, 6e de Kyoho (1731). Libraire Morita Shotaro à Osaka.

3 vol. réunis en un seul. Haut., 272 millim.; larg., 186 millim., contenant 97 pages de gravures en noir.

Bon exemplaire en tirage moyen.

43 — SUKÉNOBU. *Ehon Asakayama.* La Montagne d'Asaka. Portraits de femmes.

Pas de préface.
Signé : Kwaraku Bunkwado Nishikawa Sukénobu, cachet Sukénobu. Date 4e de Gembun (1739). Éditeur Kikuya Kihei à Kyoto, Terramachi. Cette édition ne comporte que 24 pages (voir catalogue Gonse, n° 166), alors que celle décrite ci-dessous en comprend 30; 24 sont foliotées de 1 à 12, les 6 premières sont numérotées.
Je pense que cette édition est la première de cet ouvrage qui fut retiré à la même date, avec quelques planches supplémentaires.

1 vol., haut., 270 millim.; larg., 178 millim., contenant 24 planches de gravures en noir.

Beau tirage. Exemplaire un peu fatigué. Quelques planches sont coloriées, D'autres tachées. Trous de vers.

44 — SUKÉNOBU. *Ehon Asakayama.* La montagne d'Asaka. Portraits de femmes.

Préface non signée.
Signé : Kwaraku Bunkwado Nishikawa Sukénobu, cachet Sukénobu. Date 4e de Gembun (1739). Éditeur Kikuya Kihei à Kyoto, Terramachi. A la fin une double page d'annonces. Catalogue Haviland, 2e vente, n° 492. Hayashi, n° 1489.

1 vol., haut., 268 millim.; larg., 185 millim., contenant 30 pages de gravures en noir.

Exemplaire très frais en assez bon tirage. Un amateur de maquillage a mis une touche de rouge sur toutes les bouches. Il a aussi colorié, un peu sauvagement, le frontispice.

45 — SUKÉNOBU. *Furyu Bijin So.* Herbe de beauté. Illustrations de poésies.

On lit sur la fiche de titre *Nishikawa fudé.*
Sans préface ni colophon.
Cet ouvrage offre les mêmes gravures que le premier volume de l'*Ehon Komatsu Wara.*

1 vol., haut., 255 millim.; larg., 182 millim., contenant 8 doubles pages de gravures en noir.

Selon moi, ces planches appartiennent à l'édition originale, qui aurait été tirée en gwajo *c'est-à-dire en planches non coupées et qui se développent comme un paravent. Superbe tirage.*

46 — SUKÉNOBU. *Ehon Komatsu Wara.* Plaine de jeunes sapins. — *Reproduction, pl. II.*

Préface signée : Azuma no Shou et datée printemps abondant.
Signé : Kwaraku Bunkwado Nishikawa Sukénobu, cachet Sukénobu. Date 11e de Horéki (1761). Éditeur Kikuya Kihei à Kyoto. Double page d'annonces à la fin de l'ouvrage.

2 vol., haut., 264 millim.; larg., 188 millim., contenant 35 pages de gravures en noir.

Exemplaire en tirage moyen, qui portant la bonne date, n'est pas l'édition princeps.

47 — Sukénobu. *Yamato Furyu Nishikawa Tsuya Sugata.* Recueil de beautés du Japon. — *Reproduction, pl. III.*

Ni préface, ni colophon. Chaque planche porte la signature : Yamato Eshi Nishikawa Sukénobu, fudé.

1 vol., haut., 259 millim. ; larg., 190 millim., contenant 10 doubles pages de gravures en noir.

Tirage moyen.

48 — Anonyme. *Kokon Gwafu.* Dessins anciens et modernes.

Ce livre et les suivants appartiennent à une série connue au Japon sous le titre *Hashu Gwafu*. C'est une édition japonaise d'ouvrages chinois. La série complète comprend 8 volumes dont 7 sont décrits ici.
Préface signée : Tô-En, cachets Hako et Kaïgen Tô-En. C'est la préface chinoise.
Cachets de possesseur Shuyo Shoso. Manque le colophon qui portait la date de l'édition. Mrs Brown donne 1671 comme date à cette série.

1 vol., haut., 278 millim ; larg., 191 millim., contenant 47 pages de gravures en noir.

Bon tirage. Etat parfait.

49 — Anonyme. *Toshi Gogon.* Poésies pentasyllabiques de l'époque des Tang.

Éditeur Shugasaï (Zohan).
Préface signée : Sento Hoyukichi, cachet Hoyukichi.
Post-face signée : Riukenriu, cachet Riukenriu. Puis un deuxième nom, sans doute celui du calligraphe : Yoku Ungu. Manque le colophon.

1 vol., haut., 278 millim. ; larg., 192 millim., contenant 50 pages de gravures en noir.

Comme ci-dessus.

50 — Anonyme. *Toshi Rokugon.* Poésies hexasyllabiques de l'époque des Tang.

Éditeur Shugasaï (Zohan).
Préface signée : Teiken, cachets Kiogen et Teiken.
Post-face signée : Riukenriu. Calligraphe Chohisen, cachet Chohisen.

1 vol., haut., 277 millim. ; larg., 192 millim., contenant 40 pages de gravures en noir.

Comme ci-dessus.

51 — Anonyme. *Toshi Shichigon.* Poésies heptasyllabiques de l'époque des Tang.

Éditeur Shugasaï (Zohan).
Préface signée : Rinshisei, cachet Teihaku. Calligraphe Chinteishin, cachet Chinteishin.
Post-face signée : Rinshisei, cachet Teihaku. Calligraphe Chinhien, cachets Rangen et Hakugan. Date 7e de Hoyei (1710). Libraire Nakagawa Mohei à Anékojidori (Kyoto). Possesseur Shuyo Shoso.

1 vol., haut., 278 millim. ; larg., 192 millim., contenant 50 pages de gravures en noir.

Comme ci-dessus.

52 — Anonyme. *Baï Chiku Ran Kiku.* Pruniers, bambous, orchidées et chrysanthèmes.

Éditeur Shugasaï.
Préface signée : Shinkeiju, cachet Shinkeiju et datée 48e de Wanli (1620). Manque le colophon.

1 vol., haut., 279 millim. ; larg., 192 millim., contenant 100 pages de gravures en noir.

Comme ci-dessus.

53 — Anonyme. *Meiko Senfu.* Recueil de dessins pour éventails. — *Reproduction, pl. I.*

Compilateur : Choaku-un. Préface signée : Unkan Shinkeiju, cachets Kanko et Shinkeiju. Manque le colophon.

1 vol., haut., 230 millim. ; larg., 205 millim., contenant 96 pages de gravures en noir.

Bon tirage. État parfait.

54 — Anonyme. *Moku On Kwacho Fu.* Recueil de fleurs et d'oiseaux. — *Reproduction, pl. I.*

Éditeur Shugasai ; nouvelle édition (Shin Shu).
Préface signée : Shinto Sanjin, cachet Shoko et datée 1re année de Tenkei (1658).
Fin datée 7e de Hoyei (1710). Libraire Nakagawa Mohei à Kyoto.

1 vol., haut., 283 millim. ; larg., 205 millim., contenant 44 pages de gravures en noir.

Comme ci-dessus.

55 — Meiyo Kokan. *Jimbutsu Sogwa.* Dessins cursifs de personnages. Au début du premier volume titre différent : *Ruisei Sogwa.* — *Reproduction, pl. VI.*

Manque la fin de la préface. Après la préface, de nouveau le titre *Jimbutsu Sogwa.*
Dessinateur : Kokan, cachet Meiyo au temple Seiganji à Washu (Yamato). Éditeur Bunkido.
Fin datée 9e de Kyoho (1724). Libraire Tawaraya Hébei à Osaka. Mrs Brown dit que l'édition princeps de cet ouvrage, datée comme celle-ci 1724, porte le nom de *Ruisei Sogwa* et que le nom du dessinateur n'y figure point. Le titre *Jimbutsu Sogwa* et le nom de l'artiste figureraient sur l'édition datée 1735. Que conclure ? Hayashi cite une édition tardive de cet ouvrage datée 1774 et ne contenant que 75 pages de gravures.

3 vol., haut., 269 millim. ; larg., 182 millim., contenant 103 pages de gravures en noir. (Manque le 37e feuillet).

Ouvrage très rare. Beau tirage. Bon état sauf quelques mouillures.

56 — Oka Shumboku. *Rama Zushiki.* Modèles de sculptures. — *Reproduction, pl. IV.*

Préface signée : Oka Hayato.
Fin datée 19e de Kyoho (1734). Éditeurs Suwaraya Mohei et Suwaraya Ichibei à Osaka. Deux pages d'annonces à la fin de l'ouvrage. Catalogue Gillot n° 158.

3 vol., haut., 185 millim. ; larg., 258 millim., contenant 86 pages de gravures en noir.

Assez bon tirage. État très satisfaisant.

57 — Shumboku. *Mincho Shiken.* Peintures de l'époque Ming. Au frontispice le titre *Sédo.* La préface porte le titre *Sédo Gwazu*, dessins sur nature et, sur chaque planche de l'ouvrage, on lit le titre *Mincho Sédo Gwazu.* — *Reproduction, pl. V.*

Préface signée : Hogen Shumboku Ichi O, cachets Hogen et Ichi O et datée Hinoé Tora, 3e de Enkio (1746). Shumboku dit avoir copié ces dessins des Chinois et les avoir coloriés à l'usage des enfants.
Fin signée : Hogen Shumboku Ichi O. Daté Hinoé Tora, 3e de Enkio (1746). Graveur Murakami Genyémon. Libraires Shibukawa Seiyémon et Onogi Ribei à Naniwa. On annonce qu'un troisième volume doit paraître. Ce troisième volume ne parut pas du vivant de l'auteur. On ne le rencontre que dans des éditions tardives. Mrs Brown qui décrit ce livre ne signale qu'un seul exemplaire connu, celui que M. Morrison offrit au British Museum.

Cet exemplaire aurait pour éditeur Nishimura Genroku, de Yédo, alors que l'exemplaire ci-dessus est édité à Osaka. Cela indiquerait deux éditions simultanées de cet ouvrage.

2 vol., haut., 268 millim.; larg., 174 millim., contenant 36 doubles pages de gravures en couleur et deux frontispices également en couleur.

Exemplaire incomparable de cet ouvrage rarissime. Le fait qu'on le trouve à la même date à Osaka et à Yédo n'indique pas a priori *qu'il s'agit de deux éditions différentes, mais seulement que deux éditeurs ont eu conjointement le droit d'éditer. Le fait est fréquent dans des livres français du XVIIe siècle.*

Le livre chinois d'où Shumboku a tiré ses planches, est celui que nous appelons en abrégé le Grain de Moutarde *et dont la première édition passe pour être de* 1702. *Il n'y a aucun rapprochement entre le fait que l'ouvrage chinois parut en trois volumes et le fait que Shumboku proposa de donner trois volumes au sien, qui aurait alors contenu* 54 *doubles planches gravées, tandis que le livre chinois, beaucoup plus copieux, en contient* 130.

D'ailleurs, si l'on compare les planches de l'original chinois avec celles de Shumboku, on s'aperçoit bien vite que l'artiste japonais n'a pas servilement copié son modèle, mais qu'en bien des cas il l'a librement interprété, ajoutant et retranchant à sa guise.

Quant à la chromie, Shumboku s'est efforcé de marier la technique de la chromoxylogravure japonaise à la technique plus manuelle des Chinois. Certaines planches sont complètement obtenues par des bois et d'autres sont — toutes celles à rehauts de carmin et de gomme gute — partiellement imprimées et partiellement coloriées. L'impression agissant comme une teinture pénétrant le papier, alors que le coloriage s'y superpose en épaisseur.

58 — TACHIBANA MORIKUNI. *Umpitsu Sogwa*. Dessins cursifs.— *Reproduction, pl. XII.*

1re préface signée : Deunagayo, cachets Shazan et Choyo et datée 1re année de Kwanyen (1748).
2e préface signée : Kosoken Tachibana Morikuni, cachet Tachibana Harichika.
Post-face non signée. Fin signée : Tachibana Morikuni à Naniwa. Graveur Fujimura Zenyémon, 2e année de Kwanyen (1749). Éditeurs Nishimura Genroku à Yédo, Shibukawa Seiyémon et Shibukawa Yozayémon à Osaka. Hayashi, n° 1602 et catalogue Isaac, n° 379.

3 vol. réunis en un seul., haut., 270 millim.; larg., 179 millim., contenant 116 pages de gravures en noir.

Excellent exemplaire en bon tirage, quelque peu fatigué. Trous de vers dans la marge.

59 — HANABUSA ICHO. *E Shi Gwahen*. Album de Monsieur Hanabusa. Ce titre peut se lire de deux façons : comme ci-dessus c'est-à-dire à la chinoise, ou bien avec la prononciation japonaise : *Hanabusa Shi Gwahen*; cf. catalogue Gonse, 1re vente, n° 170. — *Reproduction, pl. V.*

Préface signée : Jizaïhan Kitoku, cachet Jizaïhan et datée Mizunoé Saru de Horéki (1752).
Post-face signée : Hanabusa Ippo et datée Mizunoé Saru de Horéki (1752). Manque le colophon.
Mrs Brown donne 1751 comme date à cet ouvrage et l'édition décrite catalogue Gonse portait un colophon avec la date 1751.

3 vol. réunis en un seul, haut., 253 millim.; larg., 177 millim., contenant 137 pages de gravures en noir.

Tirage et état excellents. Trous de vers dans la marge intérieure.

60 — HANABUSA ICHO. *Eihitsu Hyakugwa.* Cent dessins d'Hanabusa. — *Reproduction, pl. X.*

Compilateur : Suzuki Rinsho.

Préface signée : Fujiwara Fusauji, cachets Furiu Sanmaï no Mon et Fusauji et datée 2e de Anyei (1773).

2e préface disant : copié par Ippo Shunsoho. Date Tsuchinoé Tora de Horéki (1758).

Post-face signée : Suzuki Rinsho (qui édita les dessins d'Icho copiés par Ippo) et datée 9e de Meiwa (1772).

Fin datée 2e de Anyei (1773). Libraires Kimura Kasuké à Osaka, Hachijoya Genyémon à Kyoto et Yamazak Kimbei à Yédo (c'est l'éditeur). Mrs Brown cite l'édition princeps de cet ouvrage datée 1758. Le catalogue Haviland, 7e vente, décrit une édition tardive datée 1857.

6 vol., haut.. 278 millim. ; larg., 190 millim., contenant 245 pages de gravures en noir.

Superbe exemplaire de cette édition très rare. La première — si elle existe — est pratiquement introuvable. Il est possible que Mrs Brown n'ait connu de cette édition que la date de la deuxième préface, 1758.

61 — SUZUKI RINSHO. *Icho Gwafu.* Album de dessins d'Icho. — *Reproduction, pl. VIII.*

Dessinateur : Suzu Rinsho, fudé (disciple qui recueillit les dessins d'Icho).

Préface signée : Rékisen Shoshi Isaïanka, cachets Anka et Isaï et datée Kanoé Tora de Meiwa (1770).

Post-face signée : Suzu Rinsho, cachets Suzuki et Mogin et datée Kanoé Tora 7e année de Meiwa (1770). Fin même date. Libraire éditeur Kariganéya Gisuké à l'adresse Koïshikawa, Denzuin Maé à Toto. Hayashi, n° 1615 cite une édition conforme à celle-ci et le catalogue Gonse, 1re vente, n° 179 cite une édition à la même date éditée par Nishimura Soshichi.

3 vol., haut., 271 millim. ; larg., 160 millim., contenant 111 pages de gravures en gris et noir.

Bon tirage. Quelques bas de pages un peu fatigués.

62 — SO SHISÉKI. *So Shiséki Gwafu.* Dessins de So Shiséki. — *Reproduction, pl. V.*

Dessins recueillis par Fuku Mogi, à Héan (Kyoto). Éditeur Kinkodo à Toto.

1re préface portant le titre : *Kwacho Gwafu*, dessins de fleurs et d'oiseaux, signée : Inan, cachets Inan et Maki et datée Kinoé Saru de Meiwa (1764).

2e préface portant le titre : *Sokunkaku Gwafu*, signée : Minamoto Shiki, cachets Minamoto Shiki et Kunki et datée 1re de Meiwa (1764).

3e préface signée : Fuku Mogi, disciple (probablement de So Shiséki).

A la fin du 2e volume on dit que ces dessins sont des copies de peintures chinoises de l'époque Kien-Long. Post-face du 2e volume signée : Séki Ninkio, cachet Shinkwa.

Post-face du 3e volume signée : Fuku Mogi Inméfu, cachets Fuku Mogi et Inméfu. Fin datée Kinoto Tori, 2e Meiwa (1765). Graveurs Tanaka Ebei et Tanaka Shushichi à Kyoto. Libraires Suwaraya Mohei et Suwaraya Shiroyémon à Toto. Catalogue Gonse, 1re vente, n° 194. Le catalogue Haviland, 4e vente, n° 341 décrit une édition en 5 volumes et datée 1771. C'est un autre ouvrage avec un titre semblable, peut-être manuscrit.

3 vol., haut., 267 millim. ; larg., 163 millim., contenant 117 pages de gravures en noir pour le premier et le troisième volumes, en couleur pour le deuxième.

En réalité le 2e volume contient 13 pages en couleur, dans le style chinois. Le reste est en noir, mais quelques pages portent d'enfantins coloriages. Très bel ouvrage en tirage soigné. Bon état.

63 — Kitao Sekkosai. *Saïshiki Gwasen.* Choix de dessins en couleur. — *Reproduction, pl. VI.*

Pas de préface.

Fin datée Hinoto Hi de Meiwa (1767). Libraires Shibukawa Daïzo à Osaka, Kawanami Shiroyémon à Rakuyo (Kyoto) et Suwaraya Eisuké à Buyo (Yédo). Cachet Hayashi sur chaque volume. Mrs Brown appelle cet ouvrage Saïshiki Gwaden.

3 vol., haut., 242 millim. ; larg., 168 millim., contenant 72 pages de gravures en couleur.

Les fiches du titre manuscrites indiquent presque certainement que les couvertures ont été changées. Exemplaire un peu fatigué et parfois sali d'un ouvrage étonnant, d'une technique inusitée et d'ailleurs très rare.

64 — Tachibana Minko. *Saïgwa Shokunin Burui.* Livre des métiers. — *Reproduction, pl. VII.*

Dessinateur : Giokujuken Tachibana Minko. Libraires à Koto Giokushi Ken et Giokujindo.

1re préface signée : Rashakutsu Kikiu, cachets Kikiu et Rashakutsu et datée 7e de Meiwa (1770).

2e préface signée : Tachibana Masatoshi, cachets Masatoshi et Minko.

Post-face signée : Shunkotei Fusei, cachets Fusei et Shunkotei et datée 7e de Meiwa (1770).

Signé : Giokujuken Tachibana Minko, cachet Tachibana Masatoshi. Graveur Okamoto Shogio, cachet Kaéon. Même date. Libraires Uyémura Tosaburo et Suwaïsuké à Yédo.

A la fin de l'ouvrage un possesseur mit une note manuscrite disant qu'au moment où ce livre était en sa possession, la 15e année de Meiji, il était âgé de 113 ans.

On connaît généralement cet ouvrage par l'édition de 1784, en noir et en couleur, avec de nombreuses variantes, les bois de notre première édition ayant été brûlés dans l'incendie qui décima Yédo en 1772. Les préface et post-face ont également changé. Voir Hayashi, no 1481, catalogue Isaac, no 390 et catalogue Gonse, 3e vente, no 429. L'édition princeps décrite ici est de la plus grande rareté.

2 vol., haut., 233 millim. ; larg., 192 millim., contenant 56 pages de gravures en couleur.

Magnifique exemplaire de la rarissime première édition.

65 — Jakuchu. *Gempo Yokwa.* Jardin des fleurs précieuses. — *Reproduction, pl. V.*

Préface signée : Sugawara Sécho, cachets Sécho et Yozo Butsuko et datée Tsuchinoé Né de Meiwa (1768).

La première planche porte les cachets To et Jakuchu.

A la fin : possesseur des droits d'édition Tobé Han, cachet Yugansaï, l'autre cachet est illisible. Libraire éditeur Tawara Kambé à Héan.

Le volume a été remonté, l'ordre des planches n'est pas le même que dans l'exemplaire de M. Odin, lequel fut remonté au Japon.

Dans l'exemplaire Odin, on trouve au début 2 pages de calligraphie qui n'existent pas ici. La préface de notre exemplaire est placée comme post-face dans l'exemplaire Odin, elle est précédée d'une autre glose qui n'existe pas ici. Enfin notre volume ne contient que 37 pages de gravures au lieu de 48 dans l'exemplaire Odin. Manquent les planches 1, 2, 6, 7, 9, 16, 18, 22, 28, 32, 43. Selon l'ordre des planches de l'exemplaire Odin, qui n'est certainement pas exact, la planche 33 existe avec une variante, le petit coléoptère a disparu. (Planche 26 de l'exemplaire Javal.)

Un autre ouvrage du même auteur est décrit dans le catalogue Isaac (no 406) où par suite d'une mauvaise interprétation du titre et de la préface, l'expert — c'est moi — l'a inexactement attribué à Soken. Plusieurs éditions modernes des ouvrages de Jakuchu ont été publiées par Yamada.

1 vol., haut., 280 millim. ; larg., 178 millim., contenant 37 pages de gravures *Ishizuri* montées en *Gwajo.*

Recueil introuvable de la plupart des planches de cet ouvrage, qui est un des chefs-d'œuvre du livre japonais. Tirage magnifique. Quelques trous de vers.

66 — Takébé Kanyosai. *Mokio Wakan Zatsugwa.* Diverses peintures chinoises et japonaises de Mokio. En marge le titre simplifié : *Kanyosai Zatsugwa.* — *Reproduction, pl. VIII.*

1re préface signée : Kanyosai et datée 7e de Meiwa (1770).

2e préface signée : Kodoko à Isé, cachets Ko et Haki et datée Kanoé Tora de Meiwa (1770).

Post-face signée : Tatéshimei, même date. Éditeur Ishiya Magobei à Kyoto. Dix pages d'annonces à la fin de l'ouvrage.

Mrs Brown donne cet ouvrage comme étant signé : Mokyo Takébé Riotaï et portant la date 1772. Est-ce une autre édition ou bien ces indications se trouvent-elles sur un colophon ici disparu. Elle indique également des rehauts de gris dans les gravures, qui n'existent pas ici.

5 vol., haut., 268 millim.; larg., 182 millim., contenant 214 pages de gravures en noir. Ces volumes ne sont pas homogènes, les 1er et 3e appartiennent à une édition, les 3 autres à une autre.

Assez bon tirage. État parfait.

67 — Takébé Kanyosai. *Ryoun Chikufu.* Album de bambous par Ryoun (copié par maître Kanyosai). — *Reproduction, pl. VIII.*

Préface signée : Kinriuyu Toki, cachet Shakei Keishi et datée Tsuchinoé Né de Meiwa (1768).

Fin datée 8e de Meiwa, Kanoto U (1771). Graveur Nagashima Rokuyémon à Kyoto. Libraire Yoshinoya. Taméachi à Kyoto. Le catalogue Haviland, 4e vente, no 343, décrit le *Kanshi Gwacu* du même auteur.

1 vol., haut., 273 millim.; larg., 189 millim., contenant 46 pages de gravures en gris et noir.

Bon exemplaire.

68 — Kato Bunrei. *Rei Gwasen.* Dessins de Bunrei. — *Reproduction, pl. V.*

A la première page, le même titre. Éditeurs Okada Bunko et Shirayama Bunkio, disciples de Bunrei. Préface, portant le titre : *Bunrei Gwasen*, signée : Naito Séyo, cachet Naito Séyo et datée Tsuchinoé Inu de Anyei (1778).

Post-face du 2e volume signée : Miyaké Yasutaké, cachets Miyaké Yasutaké et Daïgen, même date.

Post-face du 3e volume signée : Ohara Sokin En, cachets Sokin En et Hakushi, même date. Graveur Takeuchi Eishiro. Date 8e de Anyei (1779). Libraires Yamazaki Kimbei et Nakamura Shosuké à Yédo.

Catalogue Gonse, 3e vente, no 420. Mrs Brown appelle ce livre *Rei-yé Gwayen*; d'après elle le *Rei Gwasen* aurait paru deux ans plus tôt.

C'est je pense une confusion entre les deux ouvrages; car le volume décrit ici porte une fois le titre *Bunrei Gwasen* et deux fois le titre *Rei Gwasen.*

3 vol., haut., 272 millim.; larg., 185 millim., contenant 119 pages de dessins rehaussés.

Il faut noter que la fiche imprimée du titre, aux tomes II et III où elle subsiste porte REI GWASEN. *On y a superposé une fiche manuscrite où on lit* BUNREI GWASEN.

Magnifique tirage en deux tons, gris et noir. Sur quelques planches, des rehauts d'ocre rouge. État très satisfaisant.

69 — Suzuki Harunobu. *Seiro Bijin Awasé.* Recueil des beautés du seiro. Sur la couverture, le titre manuscrit inexact : *Katsukawa Shunsho Bijin Awasé.* — *Reproduction, pl. VI.*

Préface signée : Tanaka Han no Aruji.

Fin : graveur Endo Matsugoro. Date 6e mois, 7e de Meiwa, Kanoé Tora (1770). Éditeurs à Yédo, Funaki Kasuké, Maruya Jimpachi, cachet Maruya Jimpachi et Koïzumi Shugoro. Cachet de libraire Nishimuraya (Yeijudo). Au début de l'ouvrage le cachet de libraire Nishiyo (Yeijudo) et le cachet de possesseur Gesshu Hayashi no 1502.

5 vol. réunis en quatre tomes, haut., 267 millim.; larg., 185 millim., contenant 171 pages de gravures en couleur. Au début de chaque volume un frontispice tiré en bistre.

Exemplaire exceptionnel pour sa parfaite conservation et son très beau tirage. Couvertures remplacées. Fiches de titre manuscrites.

70 — Harunobu. *Ehon Haru no Nishiki.* Brocarts du printemps. — *Reproduction, pl. VII.*

Préface signée : Héki Giokudo et datée janvier.

Signé : Toto Gwako, Suzuki Harunobu, cachet Harunobu. Graveur Endo Matsugoro.

Libraire Yamazaki Kimbei à Yédo. Une page d'annonces de ce libraire à la fin de l'ouvrage. Mrs Brown donne 1770 comme date approximative à ce volume.

2 vol., haut., 214 millim.; larg., 155 millim., contenant 34 pages de gravures en couleur.

Cet ouvrage est extrêmement rare. Il est ici en bon tirage. État satisfaisant.

71 — Ippitsusai Buncho et Katsukawa Shunsho. *Ehon Butaï Ogi.* Les éventails de la scène. Portraits d'acteurs.

1re préface signée : Tokaku, petit-fils de Sékaku, cachets Shikénozo et Sankofuki.

2e préface portant le titre Butaï Ogi Sugataé (portraits d'acteurs en éventail) signée : Hoku Zaften, cachet Somété, et Shiu Kitoku, cachet Kigwagaï. Elle est datée de l'année du Tigre (1770).

Post-face signée : Rékisen Sanjin Futsu Kwankikudo, cachets Rékisen Sanjin et Kikudo. Fin datée Kanoé Tora de Meiwa, 7e année (1770). Graveur Endo Matsugoro. Libraire Kariganéya Ihei à Yédo.

Chaque planche porte le cachet d'un des deux collaborateurs. La signature n'apparaît qu'une fois pour chacun, en tête celle de Shunsho et celle de Buncho à la planche finale. Hayashi n° 1516, catalogue Gonse, 1re vente, n° 180. L'exemplaire de Duret n° 123, présente les mêmes préfaces et post-face, mais trois doubles pages de poésies qui, dans l'exemplaire ci-dessus, suivent immédiatement la post-face, ont disparu.

2 vol. sur 3, manque le 2e volume. Haut., 275 millim.; larg., 179 millim., contenant 72 pages de gravures en couleur. 36 sont l'œuvre de Buncho et 36 celle de Shunsho. (L'ouvrage complet contient 112 pages de gravures ou 56 planches, comme indique Hayashi, planches signifiant évidemment doubles pages.)

Très beau tirage. Etat satisfaisant, malgré quelques bas de pages fatigués.

72 — Katsukawa Shunsho. *Nishiki Hyakunin Isshu Azuma Ori.* Les cent poésies illustrées en couleur. — *Reproduction, pl. X.*

Préface signée : Katsukawa Shunsho, cachets Rinrin et Shunsho et datée 2e de Anyei (1773).

Signé : Rinrin Katsukawa Yusuké To Shunsho. Graveur Inouyé Shinshichiro. Date 4e de Anyei (1775). Libraire Kariganéya Gisuké à Koéshikawa (Yédo).

Dans cette édition, qui est l'originale de cet ouvrage, les poèmes et la préface sont de la main de Shunsho. Les éditions postérieures, qui portent la même date, ont la même préface écrite par Shunsho, mais en plus une autre préface écrite par le calligraphe Watanabé Hiroshi, élève de Sayama Chikayuki qui calligraphia les poèmes. D'après Binyon et O'Brien Sexton, un seul exemplaire de cette édition princeps serait connu. Cette assertion cesse aujourd'hui d'être exacte.

1 vol., haut., 276 millim.; 193 millim., contenant 106 pages de gravures en couleur.

Exemplaire splendide.

73 — Shunsho. *Nishiki Hyakunin Isshu Azuma Ori.* Les cent poésies illustrées en couleur.

1re préface signée : Katsukawa Shunsho, cachets Rinrin et Shunsho et datée 2e de Anyei (1773).

2e préface signée : Katsukawa Shunsho, cachets Rinrin et Shunsho et datée 2e de Anyei (1773).

Signé : Rinrin Katsukawa Yusuké To Shunsho. Graveur Inouyé Shinshichiro. Date 4e de Anyei (1775). Libraire Kariganéya Gisuké à Koéshikawa (Yédo).

L'exemplaire décrit catalogue Gonse, 3e vente, n° 523, avait un autre colophon, à la même date, donnant le nom de l'imprimeur Yamamoto Genshichiro et d'un second libraire Kariganéya Seikichi.

1 vol., haut., 287 millim., larg., 197 millim., contenant 104 pages de gravures en couleur. (Manque le 27e feuillet).

Très bon exemplaire de la deuxième édition.

74 — SHUNSHO. *Sanju Rokkasen.* Les trente-six poètes.

1re préface signée : Sayama Chikayuki et datée 8e de Temmei (1788).
Comme frontispice, le portrait du compilateur Daïnagon Kinto.
2e préface signée : Katsu Shunsho, cachet Kiokurosei Yuji. Il dit avoir appelé cet ouvrage *Kasen Kumoï no Hana*, les poètes, fleurs dans les nuages.
Signé : Kiokurosei Katsu Yuji Shunsho, cachet répétant la signature. Date 9e de Temmei (1789). Graveur Shumpodo Rinkotsu. Éditeurs Katsumura Jiyémon à Kyoto, Shibukawa Yozayémon à Osaka et Yamazaki Kimbei à Yédo. Hayashi no 1525 et Duret no 131.

1 vol., haut., 290 millim.; larg., 209 millim., contenant 37 pages de gravures en couleur.

Beau tirage. Exemplaire un peu fatigué.

75 — SHUNSHO. *Godaï Genji Mitsugi no Furisodé.* Titre d'une pièce de théâtre. — *Reproduction, pl. VI.*

Sur la couverture titre manuscrit : *Katsukawa Shunsho Ehon.*
Petite préface suivie d'une nomenclature des acteurs jouant cette pièce ainsi que des noms de leurs rôles. Signée : Katsukawa Shunsho et datée de l'année de Tora (1782?).

1 vol. sur 2 ou 3, haut., 212 millim.; larg., 154 millim., contenant 12 pages de gravures en deux ou trois tons, où dominent le bistre et qui rappellent les estampes de Meiwa de Harunobu.

Beau tirage d'un livre rare. Exemplaire fatigué.

76 — SHUNSHO et SHIGÉMASA. *Seiro Bijin Awasé Sugata Kagami.* Miroir des beautés du seiro. — *Reproduction, pl. VII.*

Préface signée : Koshodo Shujin et datée Hinoé Saru, 5e de Anyei (1776).
Signé : Kitao Kwaran Shigémasa, cachets Kitao et Shigémasa et Katsukawa Yuji Shunsho, cachets Katsukawa et Shunsho. Daté Hinoé Saru, 5e de Anyei (1776). Graveur Inouyé Shinshichi. Libraires à Yédo Yamazaki Kimbei à l'adresse Onkokucho et Tsutaya Juzaburo à l'adresse Omonguchi Shin Yoshiwara. Les feuillets du premier volume sont marqués printemps dans la marge, et les feuillets du second sont marqués automne. Mais chaque volume est séparé en deux parties par des pages fleuries, fleurs de printemps et d'été pour le premier, d'automne et d'hiver pour le deuxième. D'après MM. Binyon et Sexton, qui ont reçu des confidences posthumes des auteurs, les dessins de printemps et d'automne seraient de Shigémasa, ceux d'été et d'hiver de Shunsho.
Le 3e volume ne contient que 7 pages de gravures avec un foliotage différent. Le texte intitulé Ingwaï (supplément) contient les poésies des courtisanes dont les portraits illustrent les deux premiers tomes. Hayashi, no 1525 et le catalogue Gonse, 1re vente, no 183.

3 vol., haut., 281 millim.; larg., 186 millim., contenant 93 pages de gravures en couleurs (ce qui est conforme à l'exemplaire Gonse alors qu'Hayashi indique 113 pages). C'est également conforme à la collation de MM. Binyon et Sexton.

Bel exemplaire de cet ouvrage rare et réputé.

77 — SHUNSHO et SHIGÉMASA. *Ehon Takara no Itoguchi.* L'élevage des vers à soie. Le titre des planches est différent : *Kaïko Yoshinaï Gusa.* — *Reproduction, pl. X.*

Préface signée : Murata Sen et datée Hinoé Uma de Temmei (1786). Manque le colophon.
Les planches sont alternativement signées Katsukawa Shunsho et Kitao Shikémasa. Duret, no 133 et Hayashi, no 1521.

1 vol., haut., 291 millim.; larg., 203 millim., contenant 12 pages de gravures en couleur.

Tirage et état agréables.

78 — Kwaran (Shigémasa). *Ehon Yotsu no Toki*. Les quatre saisons. — *Reproduction, pl. VII.*

Préface signée : Ichiyosai Sogwaï à Toto et datée Kinoé Uma de Anyei (1774).
Manque le colophon.

3 vol., haut., 228 millim.; larg., 158 millim., contenant 81 pages de gravures en noir.

Très joli tirage. Bonne condition.

79 — Divers. *Sandara Kasumi*. La brume de Sandara. Poésies illustrées.

Préface signée : Senki Han et datée de l'année de Mi (1797).
1re planche signée : Kitao Kosuisai (Shigémasa) et datée Hinoto Mi (1797). 2e planche signée : Ittei Kitsukané, cachet Bozan. 3e planche signée : Hokusai Sori.
Post-face signée : Senki Han Sandara Oji. (L'auteur des poésies.)

1 vol., haut., 215 millim.; larg., 159 millim., contenant 3 doubles pages de gravures en couleur.

Volume de luxe, dont les planches sont tirées dans la technique des surimonos. Quelques trous de vers.

80 — Divers. *Sandara Kasumi*. La brume de Sandara. Poésies illustrées. — *Reproduction, pl. XI.*

Préface signée : Senki Han et datée du printemps de l'année de Uma (1798).
1re planche signée : Kitao Kosuisai. 2e planche signée : Gengakusai Seitan. 3e planche signée : Hokusai Sori. Calligraphie signée : Nagasawa Kosai, cachet Hakugi.
Dernière poésie signée : Senki Han Sandara Hoshi. (L'auteur.) Cet ouvrage porte le même titre que le précédent, mais ni les planches ni le texte ne sont semblables. C'est un autre ouvrage du même auteur.

1 vol., haut., 220 millim.; larg., 155 millim., contenant 3 doubles pages de gravures en couleur.

Comme ci-dessus. État parfait.

81 — Koriusai. *Hokuri no Uta*. Les chansons du Yoshiwara. — *Reproduction, pl. VI.*

Auteur : Genmishi. Dessinateur : Koriusai. Préfacier : Toho Hikkaku. Auteur de la post-face : Kiunichi Sanjin. Éditeur Shinshodo.
1re préface signée : Toho Hikkaku, cachets Yasei et Toho Hikkaku.
2e préface signée : Genmi Koji, cachet Genmi. Le dernier dessin signé : Hokkyo Koriu.
Post-face signée : Kiunichi Sanjin. Aucune date n'est inscrite dans ce volume que Mrs Brown place — on ne sait pourquoi — en 1779.

1 vol., haut., 233 millim.; larg., 157 millim., contenant 27 pages de gravures en noir.

Bon tirage. Quelques mouillures.

82 — Koriusai. *Konzatsu Yamato Sogwa*. Mélange de dessins cursifs japonais. — *Reproduction, pl. VIII.*

Titre de la préface : *Yamato Sogwa*. Préface signée : Séchiu Han Riota, cachet Iso et datée Kanoto Ushi de Anyei (1781).
Signé : Gwako Koriusai. Date 10e de Anyei, Kanoto Ushi (1781). Libraires Takégawa Tosuké et Isumiya Kojiro à Yédo. Cachets de possesseurs Nakamura Katsujiro et Hayashi. Voir catalogue Haviland, 2e vente, no 504.

3 vol., haut., 270 millim.; larg., 178 millim., contenant 93 pages de gravures en gris et noir.

Très bel exemplaire de l'édition princeps, avec ses couvertures originales. État agréable, malgré quelques bas de pages fatigués.

83 — Katsukawa Shuncho. *Ehon Momiji Bashi.* Livre du pont des érables. Le titre de la préface est un peu différent : *Kyoka Momiji no Hashi.* — *Reproduction, pl. VI.*

Préface signée : Haginoya no Aruji Kinkei.

Signé à la fin des illustrations : Katsukawa Shuncho, cachet Sanko. Graveurs Fujihiso, Yamaguchi Seiga et Ando Enshi. Libraire Tsutaya Juzaburo. Cachet de possesseur Hosukaku. Hayashi, n° 1536. Mrs Brown cite une édition en couleur, évidemment postérieure, de cet ouvrage avec 10 pages de gravures.

1 vol., haut., 231 millim.; larg., 160 millim., contenant 14 pages de gravures en noir.

Tirage exquis.

84 — Shuncho. *Ehon Sakaé Gusa.* Le livre des herbes prospères. — *Reproduction, pl XI.*

Préface signée : Kiokurosei Yuji, c'est le maître de Shuncho, qui dit avoir donné son titre à cet ouvrage. Date 2e de Kwansei (1796).

Signé : Churinsha Katsukawa Shuncho. Même date. Éditeur Isumiya Ichibei à Yédo.

2 vol., haut., 215 millim.; larg., 155 millim., contenant 31 pages de gravures en couleur.

Délicieux spécimen de chromoxylogravure. Le premier volume, le plus beau évidemment au point de vue tirage, est un peu fatigué.

85 — Kitagawa Utamaro. *Kiogetsubo.* L'adoration folle de la lune. — *Reproduction, pl. X.*

Préface signée : Ki Sadamaru.

Signé : Kitagawa Utamaro, cachets Toyoaki et Utamaro et daté Mizunoto Tori de Kwansei (1789).

Libraire éditeur Koshodo à Yédo.

1 vol., haut., 255 millim.; larg., 199 millim., contenant 5 doubles pages de gravures en couleur.

Magnifique exemplaire, irréprochable.

86 — Utamaro. *Shiohi no Tsuto.* Souvenirs de la marée basse. — *Reproduction, pl. X.*

Préface signée : Akéra Kwanlo.

Post-face signée : Chiyéda, écrite à la demande d'une réunion de poètes (Yaégaki Ren). Dessinateur Kitagawa Utamaro, cachet Jisei Ika. Éditeur Koshodo Tsutaya Juzaburo.

1 vol., haut., 273 millim.; larg., 192 millim., contenant 7 doubles pages de gravures en couleur.

Bel exemplaire. Trous de vers à la première et aux deux dernières planches.

87 — Utamaro. *Waka Ebisu*. Poésies japonaises. — *Reproduction, pl. VII.*

Préface signée : Shikatsubei Magao.
Post-face signée : Yadoya Méshimori. Dessinateur Kitagawa Utamaro, cachet Mokuin Shien. Éditeur Tsutaya Juzaburo.

1 vol., haut., 256 millim. ; larg., 188 millim., contenant 5 doubles pages de gravures en couleur.

Bel exemplaire parfaitement conservé.

88 — Divers. *Haru no Iro*. La couleur du printemps. Album composite. Poésies illustrées. — *Reproduction, pl. XI.*

Préface signée : Soyo Han et datée 7e de Kwansei (1795).
1re planche portant trois signatures : Torin, Kubo Shumman et Rinsho. 2e planche signée : Torin. 3e planche signée : Shosado Kubo Shumman, cachet Shumman. 4e planche signée : Shoho. 5e planche signée : Rinsho. 6e planche signée : Shosado, cachet Shumman.
Calligraphie signée : Kwakei Rogio. Date Kinoto U de Kwansei (1795). Éditeur Tsutaya Juzaburo.
Le catalogue Haviland, 5e vente, décrit sous le même titre un album composite paru un an plus tôt et dont les planches sont différentes.

1 vol., haut., 257 millim. ; larg., 187 millim., contenant 6 doubles planches de gravures en couleur.

Ces volumes tirés à petit nombre et avec un soin spécial sont toujours très beaux. Le présent exemplaire touche à la perfection.

89 — Divers. *Momo Saïzuri*. Cent gazouillements. Recueil de poésies. Album composite. — *Reproduction, pl. XI.*

Préface signée : Nochino Hajintei Hikaru et datée 8e de Kwansei (1796).
1re planche signée : Shoho. 2e planche signée : Torin. 3e planche signée : Kubo Sanri. 4e planche signée : Shosado Shumman. 5e planche signée : Torin. 6e planche signée : Shosado Kubo Shumman.
Calligraphie signée : Kwakei Rojin. Date Hinoé Tatsu de Kwansei (1796). Éditeur Tsutaya Juzaburo à Yédo.

1 vol., haut., 225 millim. ; larg., 188 millim., contenant 6 doubles planches de gravures en couleur.

Comme ci-dessus.

90 — Divers. *Otoko Toka*. Recueil de poésies. Album composite. — *Reproduction, pl. XI.*

Préface signée : Senso Han et datée 10e de Kwansei (1798).
1re planche signée : Kitao Kosuisai. 2e planche signée : Hakuho Son Ekigi, cachet Ekigi. 3e planche signée : Chobunsai Yeishi. 4e planche signée : Utamaro. 5e planche signée : Hokusai Sori. 6e planche signée : Torin.
Calligraphie signée : Kwakei Rogio et datée Tsuchinoé Uma de Kwansei (1798). Éditeur Tsutaya Juzaburo à Yédo.
Le catalogue Haviland, 6e vente, décrit sous le titre *Dantoka* le même ouvrage, mais avec 5 planches de gravures.

1 vol., haut., 254 millim. ; larg., 187 millim., contenant 6 doubles pages de gravures en couleur.

Presque comme ci-dessus.

91 — Chobunsai Yeishi. *Nishiki Zuri Onna Sanju Rokkasen.* Portraits en couleur de trente-six poétesses. — *Reproduction, pl. VI.*

1re préface signée : Tachibana no Chikagé.
2e préface signée : Kawamura Yoshimichi à l'âge de quatorze ans.
La 1re planche de l'ouvrage est signée : Gwakiojin Hokusai Zu.
1re post-face signée : Hinagata Hidé Jo.
2e post-face (en réserve sur fond noir) signée : Hanagata Giyu et datée 9e de Kwansei (1797).
La calligraphie est l'œuvre de trente-six jeunes filles disciples de l'école de Hanagata (Hanagata Shodo). Signature du maître : Hanagata Giyu Kwanjo, cachets Hanagata et Kwanjo.
Dessinateur : Hosoï Chobunsai, cachets Hosoï et Chobunsai. Graveurs Yamaguchi Matsugoro et Yamaguchi Seizo.
Les planches de calligraphie furent achevées la 10e année de Kwansei (1798) et publiées la 13e année de Kwansei (1801). Éditeur Yeijudo, Nishimura Yoachi, à l'adresse Bakurocho à Yédo. La maison fut fondée par Nishimura Dembei. D'après Mrs Brown, il y aurait deux éditions de cet ouvrage, une de 1798 et une autre de 1801. Celle décrite ici serait donc la seconde, que seule connaissent Hayashi, no 1752 et Duret, no 295.

1 vol., haut., 252 millim. ; larg., 185 millim., contenant 38 pages de gravures en couleur.

Magnifique état de ce bel ouvrage. Couvertures factices consistant en un cartonnage recouvert d'un broché japonais.

92 — Kitao Masanobu. *Yoshiwara Késé Shinbijin Awasé Jihitsu Kagami.* Miroir des écritures des courtisanes du Yoshiwara. — *Reproduction, pl. VII.*

Deux planches portent le titre : *Seiro Meikun Jihitsu Shu*, recueil des écritures des courtisanes célèbres.
Préface signée : Yomo Sanjin et datée du printemps de Tatsu, 4e année de Temmei (1784).
Post-face signée : Shirakwan Shujin.
Signé : Kitao Shinsai Masanobu, cachet Masanobu. Éditeur Kosbodo Tsutaya Juzaburo, à l'adresse Tori Aburacho à Yédo.
La 1re planche porte la date mars 1783. Deux autres planches indiquent l'ancienne adresse de Tsutaya, Omonguchi, quartier qu'il quitta en 1783, tandis que la fin donne sa nouvelle adresse. On aurait donc commencé à éditer ce livre en 1783 et il aurait paru en 1784.

1 vol., haut., 379 millim. ; larg., 255 millim., contenant 7 doubles pages de gravures en couleur.

J'estime qu'il est impossible de trouver ce recueil dans un tel état de perfection.

93 — Masanobu. *Hyakunin Isshu Kokon Kyoka Bukuro.* Sac de cent poésies anciennes et modernes. — *Reproduction, pl. VII.*

Préface signée : Yomo Sanjin.
Post-face signée : Hirashichi Tosaku.
Compilateur Yadoya No Méshimori. Dessinateur : Kitao Denzo Masanobu. Éditeur Tsutaya Juzaburo, à l'adresse Tori Aburacho à Toto. Une page de ses annonces. Catalogue Gonse, 3e vente, no 434.

1 vol., haut., 265 millim. ; larg., 180 millim., contenant 105 pages de gravures en couleur et un double frontispice.

Tirage et état excellents.

94 — TACHIBANA KUNIHO. *Yuhosaï Zatsugwa.* Dessins divers de Yuhosaï. — *Reproduction, pl. IX.*

Préface signée : Hashiya Koji et datée Kinoto Mi (1785).
Post-face signée : Rakuin Rokio et datée 5e de Temmei (1785).
Signée : Yuhosaï Tachibana Kuniho, cachet Kuniho. Même date. Graveur Atakuhei. Libraires Nishimura Genroku à Yédo et Nishimura Eihachi à Kyoto. Le catalogue Gonse, 3e vente, décrit n° 437, un ouvrage du même auteur.

3 vol. réunis en un seul, haut., 257 millim. ; larg., 178 millim., contenant 60 pages de gravures en gris et noir.

Très belle impression d'un ouvrage rare et curieux.

95 — OGURA TOKEI. *Tokei Gwafu.* Album de Tokei. — *Reproduction, pl. XII.*

Éditeur Sukodo Shujin. Date Hinoé Uma de Temmei (1786).
1re préface signée : Shiba Kuni Hikosuké, cachet Shiba Kunihiko et Hikosuké et datée Hinoto Hitsuji de Temmei (1787). 2e préface signée : Kimura Kokio, cachet Kokio et datée Hinoé Uma (1786).
Après dix pages de dessins, une troisième préface signée : Tokei Kisai, cachets Shinsai et Shiséki Shutsu et datée Mizunoto Tora de Temmei (1782). Il est dit par l'auteur dans cette préface que les cinq premiers dessins sont de Chin-Nampin et les autres de lui. Graveur Atakuhei à Kyoto, Hinoto Hitsuji, 7e de Temmei (1787). Libraires Fugetsu Sozayémon à Kyoto, Yamaguchi Mataïchiro et Izumimoto Hachibei à Osaka, Maékawa Rokuzayémon et Suwara Ichibei à Yédo. Catalogue Gonse, 1re vente, n° 186.

2 vol., haut., 264 millim. ; larg., 185 millim., contenant 70 pages de gravures en noir.

Très bon exemplaire en parfait état, sauf, dans le 1er volume, quelques trous de vers près de la marge extérieure. Les 2 volumes portent des couvertures différentes.

96 — KITAO MASAYOSHI. *Kyoto Meisho Ehon Miako no Nishiki.* Brocarts de la capitale.

Préface portant le titre : *Ehon Miako no Nishiki* et signée : Géchi Inshi Banshotei, cachets Manji et Yédo, datée Hinoto Hitsuji (1787).
Dessinateur : Kitao Keisai Masayoshi, cachets Shiké et Masayoshi. Calligraphe : Shogetsu Sha Suira, cachets Suira et Fukudensaï.
A la fin de l'ouvrage quelques annonces, puis la date 7e de Temmei (1787). Éditeurs Yoshinoya Taméhachi à Kyoto, Maékawa Rokuzayémon et Nagashima Risuké à Yédo. Hayashi, n° 1554.

1 vol., haut., 305 millim. ; larg., 222 millim., contenant 12 pages de gravures en couleur.

Très beau tirage d'un des premiers et des plus rares ouvrages de Masayoshi. État moyen. Trous de vers.

97 — MASAYOSHI. *Riakugwa Shiki.* Méthode de dessin cursif.

Préface signée : Kanda An Shujin.
Signé : Toto Keisai Kitao Masayoshi, cachet Masayoshi et daté Kinoto U, 7e de Kwansei (1795). Graveur Shumpodo Noshiro Riuko. Libraire Suwaraya Ichibei à Yoto. Hayashi, n° 1795.

1 vol., haut., 264 millim. ; larg., 182 millim., contenant 60 pages de gravures en couleur.

Édition princeps de cet ouvrage. État parfait.

98 — MASAYOSHI. *Sansui Riakugwa Shiki.* Méthode de dessin des paysages.

Au début le titre simplifié : *Sansui*, paysages.
Dessinateur : Keisai, fudé. Éditeur Shinshodo.
Fin signée : Keisai, fudé, cachet Shoshin et datée 12ᵉ de Kwansei (1800). Graveur Shumpodo Noshiro Riuko. Éditeur Suwaraya Ichibei à Yédo.

1 vol., haut., 262 millim. ; larg., 185 millim., contenant 59 pages de gravures en couleur.

Édition à la bonne date en bon tirage. L'exemplaire serait presque parfait d'état, sauf une tache d'encre dans la tranche.

99 — MASAYOSHI. *Tatsu no Miya Tsuko.* Les serviteurs du palais des dragons. Sur la couverture le titre manuscrit : *Keisai Gwahon*, album de Keisai. — *Reproduction, pl. IX.*

Préface signée : Ichiyosei Sogwaï et datée 2ᵉ de Kiowa (1802).
Signé : Keisai, fudé, cachet Shoshin et daté Mizunoé Inu, 2ᵉ de Kiowa (1802).
Graveur Shumpodo Noshiro Riuko. Éditeur Suwaraya Ichibei. Chaque page contient des poésies qui disparaissent dans les éditions postérieures. Mrs Brown qui a vu plusieurs premières éditions de cet ouvrage ne l'a jamais rencontré avec les poésies, de sorte qu'elle croit que le catalogue Hayashi, qui signalait nᵒ 1561 l'édition avec poésies, a établi une confusion entre l'ouvrage de Masayoshi et l'*Umi no Sachi* de Riusui. Il n'en est rien, comme tous les amateurs de livres japonais le savent.

1 vol., haut., 254 millim. ; larg., 175 millim., contenant 60 pages de gravures en couleur.

Exemplaire quelque peu fatigué, mais très beau de tirage, de l'édition princeps.

100 — MASAYOSHI. *Giokai Fu.* Album de poissons et de coquillages.

Pas de préface.
Signé : Keisai, fudé, cachet Shoshin. Date Mizunoé Inu, 2ᵉ de Kiowa (1802). Graveur Shumpodo Noshiro Riuko To. Éditeur Suwaraya Ichibei à Yédo à l'adresse Nihonbashi Muromachi Nichomei. Dans cette édition, les poésies qui figuraient sur chaque planche ont disparu.

1 vol., haut., 206 millim. ; larg., 180 millim., contenant 60 pages de gravures en couleur.

Édition à la bonne date, sans les poésies, et tirée sur papier mince. Bas de pages un peu fatigués.

101 — MASAYOSHI. *Sogwa Riakugwa Shiki.* Méthode de dessin des herbes et des fleurs. — *Reproduction, pl. IX.*

Préface signée : Taira Yuzuru et datée 10ᵉ de Bunka (1813).
Signé : Keisai, fudé, cachet Soshin et daté 10ᵉ de Bunka (1813). Libraires Suwaraya Ichibei. Suwaraya Zengoro, Tsuruya Kinsuké, Hanabusa Eikichi et Takégawa Tobei à Yédo. Cachet de possesseur Hayashi. Hayashi, nᵒ 1563 et Duret, nᵒ 85.

1 vol., haut., 273 millim. ; larg., 182 millim., contenant 59 pages de gravures en couleur.

Une des éditions à la bonne date. État parfait. Bon tirage. Les couvertures ont été remplacées par une reliure européenne en cuir gaufré japonais.

102 — BUSON (TANIGUCHI CHOKO). *Haïkaï Sanju Rokkasen.* Les trente-six poètes. — *Reproduction, pl. XII.*

Préface portant le titre : *Haïsenshu*, signée : Naniwa Sanjin Fuji Han et datée Tsuchinoto Hitsuji de Kwansei (1799).
La première planche est signée : Yahantei Buson, cachet Sachoko.
Fin datée Tsuchinoto Hitsuji de Kwansei (1799). Libraires Noda Jihei à Kyoto, Shioya Chiubei et Kawachiya Tasuké à Osaka. Cachet du libraire Shioya Yashichi.

1 vol., haut., 259 millim.; larg., 185 millim., contenant 36 pages de gravures en noir.

Très vraisemblablement l'édition princeps en excellent tirage. État parfait.

103 — BUSON. *Buson Sanju Rokkasen.* Les trente-six poètes de Buson.

Éditeur : Seireikaku. Dessinateur : Yahantei.
Préface signée : Ibutsu Rojin et datée Tsuchinoé Né de Bunsei (1828).
La dernière planche est signée : Yahantei Buson, cachets Choko et Shunsei. Post-face signée : Satotan, à la même date. Libraires Suwaraya Mohei et Suwaraya Ihachi à Yédo. Cet ouvrage est une édition tardive de l'ouvrage précédent. La préface a changé mais les poésies et les planches sont les mêmes, bien que leur ordre soit complètement différent.

1 vol., haut., 278 millim.; larg., 189 millim., contenant 36 pages de gravures en couleur.

Ce volume reproduit les mêmes personnages que le précédent. Mais il s'agit en somme d'un ouvrage nouveau, complètement regravé et imprimé en couleur. Très bel exemplaire.

104 — UTAGAWA TOYOKUNI. *Gwazu Haïyu Sangaïkio.* Divertissements de la vie des acteurs. C'est le titre de la page de garde. La préface porte le titre : *Haïyu Gwazu Sangaïkio.* Mrs Brown indique comme titre : *Gwazu Yakusha Shashin Sangaïkio. Reproduction, pl. XI.*

Préface signée : Shikitei Samba et datée Kanoé Saru de Kwansei (1800).
Post face signée : Samba et datée Kanoto Tori de Kwansei (1801).
Calligraphe : Chikura Toryu.
Dessinateur : Utagawa Ichiyosai Toyokuni, cachets Ichiyosai et Toyokuni, 13e année de Kwansei (1801). Libraires Yorozuya Tajiyémon et Shunshoken Nishimiya Shinroku à Yédo. Catalogue Haviland, 2e vente, no 519.

2 vol. réunis en un seul, haut., 216 millim.; larg., 155 millim., contenant 42 pages de gravures en couleur.

Tirage et état excellents. Trous de vers dans les marges.

105 — TOYOKUNI. *Yakusha Konoté Kashiwa.* Portraits d'acteurs.

Auteur : Utei Emba. Dessinateur : Utagawa Toyokuni. Éditeur Enjudo à Toto.
Préface signée : Emba et datée Mizunoto Ui de Kiowa (1803).
Pas de colophon. Hayashi, no 1086.

2 vol., haut., 212 millim.; larg., 149 millim., contenant 49 pages de gravures en couleru.

Les planches du premier volume sont d'un tirage supérieur à celles du second. Par contre l'état de ce dernier est meilleur.

106 — TOYOKUNI. *Haïyu Nigao Kagami.* Portraits d'acteurs illustrant des poèmes. — *Reproduction, pl. VI.*

A l'intérieur un titre un peu différent : *Yakusha Nigao Kagami.*

Auteur : Senso Shijin. Dessinateur : Utagawa Toyokuni. Éditeur Banshundo.

Préface signée : Koko Sanjin. Post-face non signée. Éditeurs Banshundo et Yamadaya Sanshiro à Toto. Date 4e de Kiowa (1804).

2 vol., haut., 265 millim. ; larg., 181 millim., contenant 33 pages de gravures en couleur. Le premier feuillet de la préface est répété.

Magnifique exemplaire.

107 — SHOKWADO. *Shokwado Gwajo.* Album de Shokwado. — *Reproduction, pl. V.*

1er volume. Pages de calligraphie signées : Inshi Gakuyosaï, cachet Kiho.

Post-face signée : Naniwa Inshi Gakuyosaï Hosoaï Kiho, cachet Gakuyosaï et datée automne, Kinoé Né de Bunka (1804).

Fin datée : Hiver, de la même année. Éditeur Shoakudo, cachet Genkio. Chaque planche de l'album porte le cachet de Shokwado.

2e volume. Au début une page de calligraphie signée : Shokwado et Shojo. Suivent 4 doubles pages de gravures et une page de texte de Shumoshiku, calligraphiée par Seiseiho.

Puis une page et demie de texte signées de 2 cachets de Sokwan. Après une double page de gravures, trois pages de texte de Toyimé, calligraphiées par Shojo, cachets Seiseiho et Shojo.

Encore une double page de gravures, puis une page de texte calligraphiée par Shojo, cachets Seiseiho et Shojo.

Trois doubles pages de gravures, puis une page de texte signée : Seiseiho, cachet Shojo.

4 doubles pages de gravures, puis une page de texte signée : Shojo, cachets Seiseiho et Shokwado.

Fin datée : été de Kinoto Ushi, 2e Bunka (1805). Éditeur Shoakudo, cachet Genkio.

2 vol., haut., 319 millim. ; larg., 225 millim. Le premier contient 24 doubles pages de dessins rehaussés, le second 21 doubles pages de gravures en noir et en couleur.

Superbe exemplaire de cet ouvrage que Gonse désignait comme le chef-d'œuvre de la chromoxylographie japonaise. Très bon état, sauf quelques trous de vers.

108 — TANIGUCHI GESSO (1775-1865). *Haïkaï Hyaku Gwasan.* Cent poésies illustrées. — *Reproduction, pl. V.*

1re préface signée : Oka Fujiku, cachets Okaga et Fujiku et datée Kinoé Inu de Bunka (1804).

2e préface signée : Ifu Hira.

Signé : Gesso Tani Sétatsu, cachets Sétatsu et Gesso. Calligraphe Kuraïwa Séso, cachets Iséki et Jojuu.

1re post-face signée : Gokiotei Shujin Fukei, cachets Gokiotei et Fukei.

2e post-face signée : Kaku Ichiro Shujin, cachets Kawaï et Johéhi. Calligraphiée par Korio Eshi.

Possesseur des droits d'auteur : Riokutoso, cachet Riokuto Shujin à Nanki (province de Kii). Date Hinoé Né, 13e de Bunka (1816) à Kyoto. Libraires Tachibanaya Jihei et Obiya Ihei à Wakayama. Mrs Brown signale cet ouvrage comme ayant paru en 1814 édité par une maison de Wakayama, sans doute Obiya Ihei.

2 vol., haut., 264 millim. ; larg., 190 millim., contenant 103 pages de gravures en gris et en noir.

Excellent tirage en bon état. Quelques trous de vers au début du premier volume.

109 — Yamaguchi Soken. *Soken Gwafu. Sogwa no Bu.* Dessins de Soken, partie des plantes. — *Reproduction, pl. X.*

Préface signée : Sékisaï Shu, cachet Minamoto Shu et datée 1re année de Bunka (1804).

Fin signée : Yamaguchi Soken à Héan (Kyoto), cachet Tachibana Soken et datée 3e de Bunka (1806). Libraires Noda Dembei, Kaméya Gisuké, Hishiya Magobei et Noda Kasuké à Kyoto. Catalogue Hayashi, n° 1638. Catalogue Isaac, n° 410.

3 vol., haut., 261 millim. ; larg., 185 millim., contenant 105 pages de gravures en noir.

Bel exemplaire en tirage soigné.

110 — Bumpo. *Bumpo Gwafu.* Album de dessins de Bumpo. — *Reproduction, pl. VIII.*

Manque la préface.

Page de calligraphie signée : Kensai, cachet Kensai.

Signé : Bumpo Basei, cachet Nanzan et daté Hinoto U de Bunka (1807). Libraires Yanagiwara Kihei à Naniwa et Yoshida Shimbei à Kyoto. Quatre pages d'annonces à la fin du volume. Duret, n° 470 et catalogue Isaac, n° 444.

1 vol., haut., 262 millim. ; larg., 178 millim., contenant 60 pages de dessins rehaussés.

Assez bon tirage.

111 — Bumpo. *Bumpo Gwafu.* Dessins de Bumpo (2e série). — *Reproduction, pl. IX.*

Préface signée : Ishiuntei Masatoshi, cachets Masatoshi et Shiko et datée Kanoto Hitsuji de Bunka (1811).

Signé : Bumpo, cachets Bumpo et Sanki et daté Kanoto Hitsuji de Bunka (1811). Graveur Inouyé Jibei. Libraires Kawachiya Kihei à Naniwa et Yoshidaya Shimbei à Kyoto. A la fin de l'ouvrage une double page d'annonces. Catalogue Isaac, n° 445.

1 vol., haut., 257 millim. ; larg., 183 millim., contenant 62 pages de dessins rehaussés.

Assez bon exemplaire.

112 — Bumpo. *Bumpo Gwafu.* Dessins de Bumpo (3e série). — *Reproduction, pl. IX.*

Préface signée : Sanyo Gwaïshi, cachets Raijo et Shisei.

Signé : Bumpo, cachets Bumpo et Sanki et daté Kanoto Hitsuji de Bunka (1811). Graveur Inouyé Jibei. Édition datée 10e de Bunka (1813). Libraires Kawachiya Kihei à Naniwa et Yoshidaya Shimbei à Kyoto. A la fin de l'ouvrage quatre pages d'annonces. Catalogue Isaac, n° 446.

1 vol., haut., 261 millim. ; larg., 180 millim., contenant 68 pages de dessins rehaussés.

Bon exemplaire d'un ouvrage qui n'est pas ici en première édition.

113 — Bumpo et Divers. *Meika Gwafu.* Album de dessins d'artistes célèbres. — *Reproduction, pl. X.*

Éditeur Toékido à Owari. Compilateur Tokei.

Préface signée : Yamamura Rioyu, cachets Jugosenjin Shosantaïfu Yamamura Rioyu et Hazan Bakukun Zoku et datée Mizunoé Saru de Bunka (1812).

Post-face signée : Kosen Dojin et datée Kinoé Inu, 11e de Bunka (1814). Deux feuillets à la fin du volume contiennent une table des matières, qui se termine par une page d'annonces. Catalogue Isaac, n° 448.

1 vol. sur 2, haut., 279 millim. ; larg., 190 millim., contenant 63 pages de dessins rehaussés.

Très beau tirage de cet ouvrage malheureusement incomplet.

114 — Bumpo. *Kimpaen Gwafu*. Album de Kimpaen. — *Reproduction, pl. X.*

Préface signée : Kawamura Bumpo et datée 8e de Bunka (1811). Page de calligraphie signée : Kiho, cachet Kiho.

Signé : Bumpo Yumo, cachet Nanzan et daté Kanoé Tatsu de Bunsei (1820). Éditeur Hishiya Magobei à Kyoto. Une annonce à la fin du volume dit que les planches de cet ouvrage étaient terminées la 9e année de Anyei (1780), mais qu'il ne fut édité que la 9e année de Bunka (1812). Il s'agit de l'édition princeps de cet ouvrage que Duret décrit comme datée 1811. L'édition décrite ici est celle de 1820 décrite par Hayashi, nº 1641 et catalogue Gonse, 1re vente, nº 204. Au début, cachet de possesseur Mizuno.

1 vol., haut., 264 millim. ; larg., 173 millim., contenant 68 pages de gravures en couleur.

Exemplaire très frais, en bon tirage de cette deuxième édition.

115 — Bumpo. *Bumpo Sansui Gwafu*. Album des paysages de Bumpo.

Préface portant le titre : *Bumpo Sansui Iko*, les paysages posthumes de Bumpo, elle est signée : Sanyo Gwaishi, cachets Rai et Jo et datée Kanoto Mi de Bunsei (1821).

Fin signée : Bumpo Yumo, cachet Nanzan. Post-face signée : Kiho, cachet Kiho. Libraire éditeur Bunshodo Yoshida Shimbei à Kyoto. Quatre pages d'annonces à la fin du volume. Après les annonces se trouve un colophon daté 11e de Bunka (1814) qui n'appartient pas à cet ouvrage. Mrs Brown indique 1824 comme date d'édition de ce volume. Le catalogue Isaac décrit nº 451 une édition semblable à celle décrite ici, mais dont la post-face est datée 1824, tandis que Duret indique une édition de 1821 en deux volumes qui est la même que celle ci-dessus mais d'un tirage plus vigoureux. Au colophon, la ligne qui sépare ici le nom de l'artiste de la petite post-face de Kiho a disparu dans l'exemplaire Duret.

1 vol., haut., 258 millim. ; larg., 171 millim., contenant 60 pages de dessins rehaussés.

Tirage et état assez bons.

116 — Aoi Sokyu (Kishi). *Kishi Empu*. Caricatures galantes de Kishi. — *Reproduction, pl. XII.*

1re préface signée : Seisei Zuiba, cachets Seisei et Zuiba et datée Mizunoto Ili de Kiowa (1803).

2e préface signée : Shinu Okina, cachet Kwado.

Post-face d'éditeur signée : Bunyedo Shojin. Colophon daté 12e de Bunka (1815). Libraires Tomitaya Shichibei, Fujiya Tokubei et Kawachiya Kashichi à Osaka. Le catalogue Gonse, 1re vente, nº 198 décrit la première édition de cet ouvrage datée 1803. La 2e préface en est différente et elle possède une 3e préface qui ici a disparu. Les noms des libraires ont changé. Duret décrit nº 500, l'édition de 1815. Enfin Yamada a publié en 1903, 12 des planches de cet ouvrage sous le titre : *Kakuchu Empu*, caricatures du quartier galant, nom pris dans la post-face.

3 vol., haut., 265 millim. ; larg., 184 millim., contenant 66 pages de gravures en couleur.

Très bel exemplaire de la deuxième édition.

117 — Hoitsu. *Oson Gwafu*. Album des dessins d'Oson. — *Reproduction, pl. IX.*

Préface signée : Kamosuyé Taka et datée 13e de Bunka (1816).

Page de calligraphie signée : Oson.

Libraire Isumiya Shojiro à Yédo. Graveur Asakura Hachiyémon.

Date 14e de Bunka (1817).

Après le colophon, deux post-faces qui sont des préfaces mal reliées. 1re signée : Keigi et datée Hinoé Né (1816). 2e signée : Kikuri Rojin et datée Hinoto Ushi.

Hayashi, nº 1632, décrit une édition semblable et le catalogue Isaac décrit nº 420, une édition de Nagoya où les deux post-faces sont reliées comme préfaces ; ce qui est exact (fait vérifié sur plusieurs exemplaires).

1 vol., haut., 279 millim. ; larg., 188 millim., contenant 50 pages de gravures en couleur.

Exemplaire parfait de la bonne édition.

118 — Hoitsu. Un volume sans titre contenant 25 doubles planches de gravures en couleur. — *Reproduction, pl. IX.*

Ni préface ni colophon. Un volume semblable mais portant le titre manuscrit : *Hoitsu Chingwa Shu* est décrit dans le catalogue Gonse, 1re vente, n° 213. D'après des renseignements fournis par M. S. Bing, cet ouvrage antérieur à l'*Oson Gwafu*, aurait été publié sans date à Yédo par Erakuya Toshiro.

1 vol., haut., 276 millim.; larg., 169 millim., contenant 25 doubles pages de gravures en couleur.

Ouvrage qui semble complet tel que décrit. Il est superbe de tirage et en bon état.

119 — Tsuji Hozan. *Bichu Meisho Ko.* Les endroits célèbres de la province de Bichu. — *Reproduction, pl. IX.*

1re préface signée : Kodéra Seisen, cachets Yuen et Kodéra Seisen et datée 12e de Bunka (1815).

2e préface signée : Sugawara Josho et datée 2e de Bunsei (1819).

3e préface de l'auteur signée : Kodéra Séshi, cachets Toen et Kodéra Seshi et datée 12e de Bunka (1815).

La dernière planche de l'ouvrage est signée : Tsuji Hozan. Fin datée 5e de Bunsei (1822), éditeur Giokusho En. Mrs Brown dit dans son ouvrage que maints bibliophiles japonais croient que Tsuji Hozan était un des noms d'artistes de Suiséki. D'autre part, elle affirme à tort, que le *Bichu Meisho Ko* est en quatre volumes. L'ouvrage décrit ici est complet en deux volumes. Durel le corrobore n° 499.

2 vol., haut., 264 millim.; larg., 183 millim., contenant 34 pages de gravures en couleur. (Manque le 16e feuillet, une double page de gravure représentant des canards).

Il n'y a pas lieu de faire grand cas des assertions de Mrs Brown, qui se borne généralement à copier des fiches de bibliothèques et recense des ouvrages qu'elle n'a pas vus.

Exemplaire en parfait état d'un ouvrage extrêmement rare. Tirage raffiné.

120 — Divers. *Katsura no Tsuyu.* Rosée de laurier. Recueil de poésies.

On dit dans la préface que ce recueil a été fait par des amis pour l'anniversaire de la mort de Keikakwan. Keikakwan signifiant la maison sous le laurier, le titre est une allusion à ce nom.

Préface signée : Baïgetsu Kwan.

1re post-face signée : Haïkaï Bo Hyakkwa. 2e post-face signée : Hoshinsaï Koju et datée 14e de Bunka (1817). 3e post-face signée : Gokwando Butsugwaï, même date.

Chaque dessin porte une signature différente. Le premier : Isen In Hoïn; le second : Tanshinsaï; le troisième : Toïu; le quatrième : Sésen Yoshin, cachet Yoshin; le cinquième : Buncho; le sixième : Dorin Fujiwara Yoshinobu, cachet Kano; le septième : Yusei Kuninobu; le huitième : cachet Keisai; le neuvième : Hironao, cachet Hironao; le dixième Doséki Saï; le onzième : Keshu: le douzième : Shinsui; le treizième : Yoshinsaï Hogen; le quatorzième : Seltei et le quinzième : Gentaï, cachet Gentaï.

1 vol., haut., 295 millim.; 210 millim., contenant 15 pages de dessins rehaussés.

Très beau tirage de ce livre de luxe, tiré à un petit nombre d'exemplaires. État parfait, n'étaient quelques trous de vers.

121 — Nantei. *Jinbutsu Gwafu.* Dessins cursifs de personnages. C'est le livre connu sous le nom de *Nantei Gwafu Kohen.* — *Reproduction, pl. VIII.*

Préface signée : Noguchi Hirého et datée 6e de Bunsei (1823).

Signé : Héan, Nishimura Nantei, cachet Séyo Sho. Graveur Inouyé Jihei. Imprimeur Ori Kisaburo. Relieur Bunchodo. Date Hinoé Inu de Bunsei (1826). Libraires Kawanami Gihei, Ogawa Buyémon, Umémura Ihei, Yoshida Jibei, Fukui Genjiro et Yoshida Shimbei à Kyoto. Durel n° 481.

1 vol., haut., 259 millim.; larg., 185 millim., contenant 60 pages de gravures en couleur.

Tirage et état excellents.

122 — CHINNEN (ONISHI). *Azuma no Téburi.* Coutumes de Yédo. — *Reproduction, pl. VIII.*

Peintre : Chinnen. Éditeur : Sonan Do.
Préface signée : Minamoto Masumi et datée 12e de Bunsei (1829).
Fin signée : Chinnen, cachet Ka O et datée 12e de Bunsei (1829).
1re post-face signée : Shoka et Bénon. 2e post-face signée : Shibutsu Rojin Taïkakudo, cachets Taïkakudo et Shibutsu et datée Tsuchinoto Ushi de Bunsei (1829). Libraires Kobayashi Shimbei et Osakaya Gembei à Yédo. Colophon à la même date. Catalogue Isaac n° 465.

1 vol., haut., 276 millim.; larg., 183 millim., contenant 50 pages de gravures en couleur.

Très bon exemplaire.

123 — SONAN (autre nom de Chinnen). *Sonan Gwafu.* Album des dessins de Sonan. — *Reproduction, pl. VIII.*

Préface signée : Minamoto Masumi et datée 3e de Tempo (1832).
Signé : Chinnen, cachet Chinnen. Date Mizunoé Tatsu de Tempo (1832).
Édition datée Kinoé Uma, 5e de Tempo (1834). Libraires Kobayashi Shimbei et Osakaya Gembei à Yédo Catalogue Gonse, 1re vente, n° 220.

1 vol., haut., 269 millim.; larg., 183 millim., contenant 50 pages de gravures en couleur.

Très bel état de cet excellent ouvrage.

124 — SUIKEI. *Mizuno Omoté Shu.* La surface de l'eau. Recueil de poésies. — *Reproduction, pl. XI.*

Dessinateur : Suikei. Graveur Kochodo. Éditeurs Mondo et Suiyuben.
Compilateurs : Shakuyakutei. Suisei Hen et Saïotei.
1re préface signée : Shakuyakutei. 2e préface signée : Choko.
Post-face signée : Suisei Hen no Aruji Riokio et datée 2e de Tempo (1831).

1 vol., haut., 224 millim.; larg., 159 millim., contenant 14 pages de gravures en couleur.

Charmant petit volume, dont le tirage restreint permettait de rehausser d'or et d'argent les pages de gravures, qui sont traitées aussi précieusement que des surimonos.

125 — HOKKEI. *Sansaï Hana Hyakushu.* Cent poésies sur la fleur, en trois parties. — *Reproduction, pl. XII.*

Compilateurs pour le ciel : Rokujuen, Tatsunoya et Fukunoya. Pour la terre : Senshu Han, Anazaki Han et Senriutei. Pour les hommes : Gwariu En, Kwansado et Uménoya.
Dessinateur : Go Hokkei. Calligraphe Fukudo. Graveur Giokkosha. Éditeur Shunyutei.
Préface signée : Rokujuen.
Fin datée 11e de Bunsei (1828).

1 vol., haut., 235 millim.; larg., 158 millim., contenant 6 pages de gravures en couleur

Cette série qui comprend trois volumes, celui-ci et les deux qui suivent, est très rare. On la trouvera malaisément complète dans cet état exceptionnel.

126 — Hokkei. *Sansaï Tsuki Hyakushu*. Cent poésies sur la lune, en trois parties. — *Reproduction, pl. XII.*

Compilateurs pour le ciel : Senso Han, Yoriu En et Benbenkwan. Pour la terre : Jingwaïro. Banyeitei et Yagitei. Pour les hommes : Senshu Han, Hakumotosha et Saïraïki.

Dessinateur : Go Hokkei. Calligraphe Mikifusaï. Graveur Nakamura Nicho. Imprimeur Nukatomi Éditeur Shunyutei.

Préface signée : Senso Han.

Fin datée 12e de Bunsei (1829). Catalogue Haviland, 7e vente, no 727.

1 vol., haut., 225 millim.; larg., 160 millim., contenant 6 pages de gravures en couleur.

Bel exemplaire.

127 — Hokkei. *Sansaï Yuki Hyakushu*. Cent poésies sur la neige, en trois parties. — *Reproduction, pl. XII.*

Compilateurs pour le ciel : Shakuyakutei, Josoban et Senshido. Pour la terre : Senshu Han, Shiseido et Hakuyotei. Pour les hommes : Gwariu En, Hoshitei et Bunsha Han.

Dessinateur : Go Hokkei. Calligraphe Hokien. Graveur Nakamura Nicho. Imprimeur Nukatomi. Éditeur Shunyutei.

Préface signée : Shakuyakutei.

Fin datée : ouvrage commencé 12e de Bunsei (1829) et terminé 13e de Bunsei (1830).

1 vol., haut., 226 millim., larg., 158 millim., contenant 6 pages de gravures en couleur.

Comme ci-dessus.

128 — Hishikawa Sori. *Kyoka Ehon Shokunin Kayami*. Miroir de poésies comiques sur tous les métiers. — *Reproduction pl. XI.*

Préface signée : Senso Han Shijin, cachet Shojin.

Signé : Hishikawa Sori Yégaku. Calligraphe Kumagawa Shohin. Date 3e de Kiowa (1803).

Éditeur Tsutaya Juzaburo à Toto. D'après Mrs Brown et Revon, trois artistes auraient employé la signature Sori : Tawaraya Sori, puis Hishikawa Sori ou Sori II qui serait l'auteur de ce livre et enfin Hokusai qui signa pendant quelques années Sori, puis Hokusai Sori.

1 vol., haut., 250 millim., larg., 182 millim., contenant 18 doubles pages de gravures en couleur.

Très bel exemplaire, en tirage remarquable.

129 — Hokutei Bokusen. *Shiki Sambaso*. La danse de Sambaso pour les quatre saisons. — *Reproduction, pl. XII.*

Auteur : Baïjuken Hitsujin. Date Mizunoto Tori de Bunka (1813). Cachet Shiyédo.

1re préface non signée, cachet Magao. 2e préface signée : Kamohan Ichiju, cachet Tohiaho. 3e préface signée : Sékiga. 4e préface signée : Suihan Shukusei, cachets Suihan et Shukusei et datée de l'année Tori de Bunka (1813).

Auteur : Baïju Hitsujin, même date.

Dessinateur : Kiogwado Bokusen, cachets Hokutei et Bokusen. Libraire Shokwado à Owari.

1 vol., haut., 225 millim.; larg., 161 millim., contenant 50 pages de gravures en couleur.

Ouvrage de luxe, tiré avec un soin extrême. Condition parfaite.

130 — Gakutei. *Murasaki Gusa.* **Herbe violette. Roman.**

Préface signée : Okodo no Shujin, cachet Jiyo et datée Hinoto Ri (1827).
Auteur : Gakutei Teiko. Pas de colophon.

2 vol., haut., 222 millim. ; larg., 150 millim., contenant 12 pages de gravures en couleur.

On rencontre ces 12 planches, tirées à part en surimonos, avec quelques variantes. Les gaufrages des surimonos n'existent plus dans le livre. Les surimonos sont signés alors que la signature disparaît dans les planches, sauf une, oubliée dans la deuxième gravure du second volume.

Selon toute évidence les surimonos, légèrement plus grands que les planches du livre, les ont précédées.

Tirage et état satisfaisants.

131 — Katsushika Hokusai. Poésies illustrées.

Au début, une petite préface sans titre.
Les premières poésies célèbrent le début de l'année, le mont Fuji et les cerisiers ; elles sont datées du printemps de l'année du dragon de Kwansei (1796). Les autres composées en l'honneur des pivoines sont datées de l'été de la même année.
La première planche qui comprend quatre pages de cet album gwajo est signée : Hokusaï Sori. Les deux autres sont signées : Sori. Graveur Asakura Giokusho.

1 vol., haut., 202 millim. ; larg., 142 millim., contenant 6 pages de gravures en couleur.

Très joli petit volume de luxe à couverture gaufrée. Trous de vers.

132 — Hokusai. *Kyoka Hatsu Wakana.* **Jeunes pousses. Poésies illustrées.**

Préface signée : Fuyénari, cachet Fuyénari et datée Uma (1798).
Planche signée : Sori Aratamé Hokusaï, cachet Sankei. Graveur Toriuken Abei.

1 vol., haut., 220 millim. ; larg., 160 millim., contenant 1 double page de gravures en couleur.

Charmant volume de luxe en très beau tirage. Trous de vers dans les marges.

133 — Hokusai. *Nihon Meibutsu Gwasan Kyoka Shu.* **Recueil de poésies sur les produits célèbres du Japon.**

Ni préface, ni colophon. La plupart des planches sont signées : Katsushika Taito.
A la fin de l'ouvrage, le titre : *Nihon Meibustsu Gwasan Shu.*
Au début un autre recueil de poésies sans titre est relié. Il est précédé d'une préface datée de Tatsu (1808) ?

1 vol., haut., 220 millim. ; larg., 150 millim., contenant 34 pages de dessins rehaussés. (Le fragment relié au début contient 3 pages de gravures en couleurs).

Très beau tirage de deux livres rares de Hokusaï. Exemplaire un peu fatigué.

134 — Hokusai. *Ippitsu Gwafu.* **Album de dessins d'un seul coup de pinceau.**

Préface signee : Shinrishi à Owari et datée Mizunoto Hitsuji (1823).
Signé : Katsushika Hokusaï, cachet Raïshin, à Toto. Revu par les disciples Hokutei Bokusen, cachet Bokusen et Tonanzaï Hoku-un, cachet Hoku-un. Éditeur Erakuya Toshiro à Owari (Nagoya), cachet Erakudo.
Libraires Anabusaya Eikichi, Takégawa Tobei et Kadomaruya Jinsuké à Yédo. Le colophon reproduit exactement celui des éditions de la *Mangwa* de Bunsei. Avant le colophon, deux pages d'annonces.

1 vol., haut., 227 millim., larg., 158 millim., contenant 56 pages de dessins rehaussés.

Tirage moyen. Très bon état. La première édition doit dater de l'année de la préface.

135 — Hokusai. *Fugaku Hyakkei.* Les cent vues du Fuji.

Préface du 1er volume signée : Riutei Tanéhiko et datée Kinoé Uma de Tempo (1834). Calligraphie signée : Kinsai Moriyoshi, cachet Moriyoshi.

Fin signée : Zen Hokusaï I-itsu Aratamé Gwakio Rojin Manji, fudé à 75 ans.

Graveur Egawa Tomékichi, cachet Gojotei. Date 5e de Tempo (1834). Libraire Erakuya Toshiro à Nagoya, Kadomaruya Jinsuké, Nishimura Yoachi et Nishimura Yuzo à Yédo.

Préface du 2e volume signée : Rozanko, cachets Shiutohan et Satohi et datée 6e de Tempo (1835).

Fin portant la même signature que le 1er volume, à l'âge de 76 ans. Date 6e de Tempo (1835). Même graveur, mêmes libraires.

Préface du 3e volume signée : Shichiho Sanka Rojin Shoritsu, sans date.

Graveur Egawa Sentaro. Éditeur Erakuya Toshiro, succursale à Yédo. Hayashi, no 1728.

3 vol., haut., 227 millim. ; larg., 156 millim., contenant 150 pages de gravures en gris et noir.

Les deux premiers volumes sont de l'édition dite à la plume de faucon et qui est complète en 2 volumes. Postérieurement fut tirée une édition en 3 volumes, avec couverture rouge. Le présent exemplaire se compose donc des 2 volumes de l'édition princeps auxquels on a ajouté le troisième volume de l'édition tardive.

Bon tirage. État satisfaisant.

136 — Hokusai. *Yédo Meisho.* Vues célèbres de Yédo. Titre manuscrit.

1 album remonté contenant 18 planches de gravures tirées en bleu, en gris, en vert, et en bistre.

J'ai déjà rencontré ces planches comme série d'estampes. Cette réunion en album est purement factice. Très beau tirage. Rare.

LA MANGWA D'HOKUSAI

On a pensé qu'il fallait profiter de cette occasion qu'une *Mangwa*, contenant plusieurs volumes en édition présumée originale, passait devant nos yeux, pour offrir aux amateurs une étude préparatoire sur l'embrouillamini des éditions successives du livre auquel Hokusaï dédia plusieurs années de sa vie et qui fut, sans contredit, le plus gros succès des livres à images japonais.

A cette fin, nous examinerons successivement chacun des 14 volumes[1] de la collection Javal, et les comparerons avec d'autres volumes de nous connus. Nous essayerons ainsi de situer les éditions les unes par rapport aux autres.

Cette étude a été tentée par divers auteurs. Goncourt, le premier en date, utilisa, dans son volume sur Hokusaï, une documentation purement japonaise, qui lui était fournie par Hayashi, et bien que cette documentation fût hâtive et hasardeuse, quelques-uns des faits allégués, notamment ceux relatifs à la *Mangwa*, se sont parfois trouvés exacts. M. Michel Revon qui consacra tout un ouvrage à Hokusaï, s'est occupé de la *Mangwa*. Il semble malheureusement n'avoir eu à sa disposition que des exemplaires tardifs, et les recoupements empruntés à la vie privée de l'artiste qu'il propose pour aider à la datation du premier volume sont inopérants. Il faut néanmoins savoir gré à ce critique d'avoir essayé de tirer parti de la lecture des annonces bibliographiques que les éditeurs insèrent à la fin de leurs publications. Mais à propos

1. On peut à juste titre, et c'est l'opinion de Duret, considérer que le 15e volume de la *Mangwa*, paru en 1878, et qui se compose de dessins empruntés à divers ouvrages de Hokusaï, ne se relie que d'une manière purement artificielle aux 14 volumes précédents. Le 15e volume ne figure pas dans l'exemplaire Javal.

de ces pages d'annonces, je dois mentionner ici une remarque consécutive à l'examen d'un très grand nombre de volumes. Ces pages d'annonces ne se trouvent jamais dans une édition princeps, mais elles sont au contraire l'indice certain d'une édition postérieure. Je n'explique pas le fait, mais le mentionne comme ne s'étant pas encore démenti.

La note dont Théodore Duret fait précéder la nomenclature des volumes de la *Mangwa* vaut encore d'être lue. On y trouve quelques essais de discrimination entre les éditions successives.

Je ne mentionne ici que par courtoisie l'ouvrage de Mrs.Brown. Sur la Mangwa, elle se borne à citer Revon et, de toute certitude, elle n'a jamais regardé un volume de Hokusaï, ni d'ailleurs un volume japonais quelconque.

D'une manière générale, d'ailleurs, la plupart des auteurs qui ont travaillé sur l'estampe et les livres japonais se sont bornés à exprimer par des jaculations, parfois éloquentes, leur émoi. Je voudrais montrer qu'il est des méthodes plus objectives.

Resterait à souhaiter que notre brillante jeunesse voulût essayer parfois de ces humbles méthodes, qui consistent surtout à regarder attentivement les objets dont on disserte. Mais notre brillante jeunesse ne hante que les hautes cimes et ne propage que des effluves dyonisiaques.

⁂

137 — Hokusaï. *Denshin Kaishu. Hokusaï Mangwa.* 1er volume.

Préface portant le titre *Denshin Kaishu*[1], signée : Hanshu Sanjin et datée Mizunoé Saru de Bunka (1812). Fin signée : Toto Katsushika Hokusaï, cachet Raishin; Hokutei Bokusen, cachet Bokusen et Tonanzaï Hoku-un, cachet Hoku-un, à Nagoya. Date 11e de Bunka (1814). Éditeurs Erakuya Toshiro à Nagoya et Kadomaruya Jinsuké à Yédo.

1 vol., haut., 225 millim. ; larg., 157 millim., contenant 52 pages de dessins rehaussés. Couverture bleutée aux fuseaux entrelacés[2].

Bon tirage. État plaisant. Trous de vers.

Cet exemplaire qui est vraisemblablement la 1re édition du 1er volume de la Mangwa[3] présente certaines particularités qu'on ne trouve plus dans les éditions postérieures.

---

1. Le *Denshin Kaishu* qu'on trouve précédant le titre *Hokusaï Mangwa* dans les exemplaires des premières éditions a été diversement traduit. Hokusaï en donne le sens exact dans sa préface quand il nous confie qu'il s'est attaché à reproduire l'esprit des choses pour les transmettre à l'esprit. *Kaishu* qui se traduit littéralement par ouvrir les mains prend ici la signification de commencement, initiation. M. Naïto propose cette version pour *Denshin Kaishu* : l'éducation des débutants par l'esprit des choses.

On a souvent traduit *Mangwa* par multitude de dessins, donnant à *Man* son sens plural. Une meilleure leçon consiste à attribuer à *Man* le sens de diversité : *Mangwa*, dessins variés.

2. Pour les exemplaires appartenant à des premières éditions, nous trouvons répétés, en couleurs différentes, un nombre assez restreint de modèles de couvertures gaufrées.

1° Un modèle présentant un carrelage de petits losanges zigzagants. A ce modèle appartiennent les volumes 2, 5, 6, 7, 8 et 10, décrits ici.

2° Un modèle présentant un décor de fuseaux entrelacés avec un losange inscrit dans chacun d'eux. Les volumes 1, 4, 12, 13 et 14, décrits ici, montrent ce modèle de couverture.

3° Un modèle moins répandu qui présente un carrelage formé par des carrés et des hexagones, tel le volume 3 ici décrit.

Dans les éditions plus tardives nous trouvons des couvertures unies, souvent bleu foncé ou bistre, et aussi des décors de papier peigne.

3. Goncourt et aussi Duret proposent comme date de l'apparition du 1er volume: 1812, qui est la date de la préface. L'erreur de Duret s'explique, puisque le volume qu'il a donné à la Bibliothèque Nationale ne porte pas de colophon et que la seule date à laquelle il a pu se référer est celle de la préface. Sans doute, l'erreur de Goncourt provient-elle du même fait.

Le titre courant n'existe pas, alors qu'on le trouvera dans des éditions subséquentes. J'appelle titre courant, la mention « Hokusaï Mangwa, tel volume, telle page » qui est imprimée à cheval sur le recto et le verso de la marge extérieure.

Au frontispice, qui représente les deux vieux de Takasago, les rides imprimées par un bois de gris sur le front du vieux Jo disparaissent postérieurement.

Le trait qui encadre ledit frontispice s'épaissit dans les éditions tardives.

On peut considérer comme immédiatement postérieure, une édition à la bonne date, mais dont le colophon qui donne 4 libraires au lieu de 2, est précédé d'une double page d'annonces signalant les 10 premiers volumes de la *Mangwa*. Cette édition, sans titre courant, montre la même préface titrée et datée et le même bois de gris des rides, très alourdi, au frontispice.

Nous placerions comme 3e édition, celle toute semblable à la précédente, sauf que la date a disparu du colophon.

Puis viennent les éditions tardives dont la préface n'est plus titrée ni datée, et dont la fiche de titre ne porte plus *Denshin Kaishu*, mais seulement *Hokusaï Mangwa*. Le bois des rides du frontispice a disparu. Le cadre s'est épaissi. Plus de colophon, des pages d'annonces et le nom de Toékido (Érakuya Toshiro) à Nagoya, Owari. Enfin, chaque feuillet porte le titre courant et pour les premiers feuillets, un texte intercalé accompagne les dessins.

On a l'habitude de considérer les éditions en noir comme des éditions tardives. Cependant, il existe un exemplaire en noir à la Bibliothèque Nationale (Dd 644) qui paraît un succédané de la 1re édition en couleurs. Il possède la même préface titrée et datée, le cadre mince au frontispice et pas de titre courant. Mais, fait contradictoire, le colophon est remplacé par une page d'annonces avec le nom de l'éditeur Toékido.

Les pages de bibliographie qui se trouvent à la fin des éditions tardives de la *Mangwa* se classent en quatre modèles différents.

1° Une double page de bibliographie groupant les 1er, 2e et 3e volumes comme ayant un contenu semblable. Puis, un à un, tous les volumes jusqu'au 10e avec l'indication de leur contenu. Cette annonce est de Toékido et se trouve donc sur les éditions de Nagoya postérieures à la première.

2° Une double page de bibliographie, qui se trouve sur les éditions plus tardives. On y signale l'édition complète en 10 volumes; puis le 11e volume paru séparément. Comme la précédente, elle est de Toékido, l'éditeur de Nagoya.

3° Une double page de bibliographie semblable à la première citée, mais d'une disposition un peu différente. Les 1er, 2e et 3e volumes annoncés ensemble pour leur même contenu sont annoncés 1er volume, 2e volume, 3e volume, au lieu de 1er, 2e, 3e volumes. On signale ensuite les volumes et leur contenu jusqu'au 10e. Cette annonce est de Kadomaruya Jinsuké et se trouve sur les éditions de Yédo.

Enfin le 4e modèle consiste en 8 pages de bibliographie de Kadomaruya Jinsuké; on y annonce les 10 volumes de la Mangwa, mais non le 11e. Comme le précédent, ce modèle indique une édition de Yédo.

138 — Hokusai. *Denshin Kaishu. Hokusaï Mangwa.* 2e volume.

Préface sans titre signée Rokujuen.

Colophon avec la signature : Toto Hokusaï Aratamé Katsushika Taito et le cachet réticulé Itonoyama. Collaborateurs à Toto : Totoya Hokkei et Toenro Hokusen. Collaborateurs à Nagoya : Gekkotei Bokusen et Tonanzaï Hoku-un. Date 12e de Bunka, été (1815). Éditeurs Takékawa Tobei, Hanabusaya Eikichi et Kadomaruya Jinsuké à Yédo. Erakuya Toshiro à Nagoya.

1 vol., haut., 230 millim.; larg., 159 millim., contenant 56 pages de dessins rehaussés. Couverture bleutée au petit carrelage de losanges.

Beau tirage. État superbe.

Je ne connais pas pour le 2e volume une édition antérieure à celle-ci qui est conforme à celle de la Bibliothèque Nationale (dd 645). Cependant Goncourt date ce volume de 1814. Il faudrait admettre une édition avec un colophon à cette date.

Dans les éditions postérieures en couleur ou en noir le colophon n'est plus daté, mais porte simplement le nom de l'éditeur Toékido.

139 — Hokusai. *Denshin Kaishu. Hokusaï Mangwa.* 3e volume.

Préface sans titre ni date signée : Shoku Sanjin.

Fin signée : Toto Hokusaï Aratamé Katsushika Taito, cachet réticulé. Collaborateurs à Toto : Totoya Hokkei et Toenro Hokusen. Collaborateurs à Nagoya : Gekkotei Bokusen et Tonanzaï Hoku-un. Date 12e de Bunka, été (1815). Éditeurs Takékawa Tobei, Hanabusaya Eikichi Kadomaruya Jinsuké à Yédo et Erakuya Toshiro à Nagoya.

1 vol., haut., 228 millim.; larg., 160 millim., contenant 56 pages de dessins rehaussés. Couverture jaune, au carrelage d'hexagones et de carrés. Titre manuscrit.

Bon tirage. Quelques pages un peu fanées.

Cette édition montre exactement le même colophon que le volume précédent, avec la même date. On peut donner comme immédiatement postérieure une édition dont le colophon semblable porte la date 13e de Bunka (1816). Vient ensuite une édition toujours avec le même colophon mais portant la date 14e de Bunka (1817). Enfin les éditions tardives ne portent plus de dates et seulement le nom de l'éditeur.

La collection de M. Henri Vever contient trois *Mangwa*, classées par ordre de mérite prim., sec., tert. Le 3e volume de la série prim. n'est pas de la première édition. Il est d'ailleurs daté 13e Bunka (1816). Par contre le même volume de la série sec. qui porte la date 1815 et ne contient pas de pages bibliographiques est de la première édition.

140 — Hokusai. *Denshin Kaishu. Hokusaï Mangwa.* 4e volume.

Préface signée : Hozan Gyoho.

Signé *in fine* : Toto Katsushika Hokusaï, cachet Raishin. Collaborateurs à Nagoya : Hokutei Bokusen, cachet Bokusen et Tonanzaï Hoku-un, cachet Hoku-un. Daté printemps 11e de Bunka (1814). Éditeurs Hanabusaya Eikichi, Takékawa Tobei et Kadomaruya Jinsuké à Yédo. Erakuya Toshiro, cachet Toékido à Nagoya. Avant le colophon, une double page d'annonces d'Erakuya Toshiro.

1 vol., haut., 228 millim.; larg., 160 millim., contenant 56 pages de dessins rehaussés. Couverture grise aux fuseaux entrelacés.

Tirage moyen. Bon état.

Il semble difficile d'expliquer pourquoi, le 1er volume de la *Mangwa* datant de 1814, le 2e et le 3e de 1815, soudainement le 4e par un rétro astucieux reviendrait en 1814.

Il faut remarquer que le colophon de ce volume est identiquement celui existant dans l'exemplaire du 1er volume que nous avons choisi comme 2e édition; j'admets donc que vers 1816 ou 1817 il a été publié une première édition collective contenant peut-être les quatre premiers volumes, avec un colophon unique, qui portait, supercherie ou négligence fréquentes chez les éditeurs japonais, la date de l'édition princeps.

Je signale entre le colophon de l'édition princeps et celui de la réédition cette différence immédiatement apparente : dans la première édition, le chiffre 10 et le chiffre 1 de Bunka sont très écartés. Très rapprochés dans la réédition.

Il appert donc que ce volume daté de 1814 est une réimpression plus ou moins tardive, alors que la véritable édition princeps, dont il existe un exemplaire dans la collection Vever prim. porte la date 13e Bunka, 1816, cachet réticulé, sans pages d'annonces. 1816 est la date donnée par Goncourt.

Nous trouvons ensuite une autre édition de 1816 avec quatre collaborateurs au colophon et une double page de bibliographie. Viennent alors les éditions tardives, sans colophon, ni date par conséquent.

141 — Hokusai. *Denshin Kaishu. Hokusaï Mangwa.* 5e volume.

Préface signée : Rokujuen.
Signé : Toto Hokusaï Aratamé Katsushika Taito, cachet réticulé. Collaborateurs à Toto : Totoya Hokkei et Toenro Hokusen. Gekkotei Bokusen et Tonanzaï Hoku-un à Nagoya. Date 13e de Bunka (1816). Éditeurs à Yédo Takékawa Tobei, Tanabusaya Eikichi et Kadomaruya Jinsuké. Avant le colophon huit pages d'annonces de ce dernier éditeur.

1 vol., haut., 225 millim.; larg., 158 millim., contenant 56 pages de dessins rehaussés. Couverture rouge au petit carrelage en losanges.

Assez bon tirage. Exemplaire très propre.

Édition à la bonne date qui, selon moi, n'est pas l'édition princeps. On trouve encore une édition pareillement datée, mais avec 4 noms d'éditeurs et 2 pages d'annonces au lieu de 8. (Bibliothèque Nationale, dd 652. Vever prim.)
Puis vient une édition avec le même colophon mais d'un an plus tardive (1817) et qui porte les 8 pages d'annonces de l'exemplaire Javal.
Enfin les éditions non datées.

142 — Hokusai. *Denshin Kaishu. Hokusaï Mangwa.* 6e volume.

Préface signée : Shoku Sanjin. Page de titre donnant les noms des deux éditeurs Toékido et Shuseikaku.
Signé : Hokusaï Aratamé Katsushika Taito, cachet réticulé. Collaborateurs à Toto : Totoya Hokkei et Toenro Hokusen. Gekkotei Bokusen et Tonanzaï Hoku-un à Nagoya. Date 14e de Bunka (1817). Éditeurs Takékawa Tobei, Hanabusaya Eikichi, Kadomaruya Jinsuké à Yédo et Erakuya Toshiro à Nagoya. Avant le colophon, une double page d'annonces de Kadomaruya Jinsuké.

1 vol., haut., 225 millim., larg., 157 millim., contenant 56 pages de dessins rehaussés. Couverture bleue au petit carrelage.

Bon tirage. État irréprochable.

Goncourt — sur quelles références? — donne comme date du 6e volume 1816, alors que nous trouvons 1817. Quoi qu'il en soit, nous ne ferons pas de notre exemplaire une édition princeps, mais nous le placerons en deuxième rang.
Nous signalons une particularité[1] qui distingue notre édition des suivantes : A la page 24, se trouve le portrait de deux naufragés européens, qui, le 25 août, 2e de Tembun (1543), abordèrent dans l'île Tanégashima de la province d'Ozumi. Leurs noms Murashukusha et Kirishitamota qui existent dans la présente édition ont disparu dans les exemplaires tardifs.
Nous placerions comme 3e édition un exemplaire possédant le même colophon, à la même date, mais présentant huit pages d'annonces au lieu de deux et où, à la page 24, les noms des naufragés ont disparu.
Viendrait en quatrième, un exemplaire au colophon daté 2e de Bunsei avec 4 libraires et 4 collaborateurs, parmi lesquels Tonanzaï Hoku-un est remplacé par Gessaï Utamasa. Mêmes huit pages d'annonces qu'à la seconde édition.
L'exemplaire Vever (prim.) est conforme au nôtre.

143 — Hokusai. *Denshin Kaishu. Hokusaï Mangwa.* 7e volume.

Préface signée : Shikitei Samba.
Signé : Hokusaï Aratamé Katsushika Taito, cachet réticulé. Collaborateurs à Toto : Totoya Hokkei, et Toenro Hokusen. Gekkotei Bokusen et Tonanzaï Hoku-un à Nagoya. Date 13e de Bunka (1816). Éditeurs Takékawa Tobei, Hanabusaya Eikichi, Kadomaruya Jinsuké à Yédo et Erakuya Toshiro à Nagoya.
Avant le colophon huit pages d'annonces de Kadomaruya Jinsuké.

1. C'est à M. Émile Javal que nous devons cette remarque.

1 vol., haut., 227 millim.; larg., 159 millim., contenant 56 pages de dessins rehaussés. Couverture bleu foncé au petit quadrillage.

Assez bon tirage. État parfait.

Encore une fois, nous assistons à un chevauchage de dates, le 7e volume portant 1816 alors que le 6e se dit de 1817. Mais une explication surgit. On remarquera que les volumes 5 et 7 ont colophon identique et portent les 8 pages d'annonces. On peut donc en induire qu'il s'agissait d'une édition collective en au moins 7 volumes faite sur une deuxième ou troisième édition dont le premier volume était daté de 1816.

Il existe une édition au cachet réticulé et aux 8 pages d'annonces portant la date 1817. On en trouve un exemplaire dans la collection Vever (prim.).

La Bibliothèque Nationale possède un exemplaire avec deux pages d'annonces et un colophon sans date (dd 654). Il reste à trouver l'exemplaire de la Nationale avec le colophon daté et les deux pages d'annonces et un exemplaire sans pages d'annonces avec le colophon à la bonne date.

On rencontre communément des éditions tardives sans colophon.

144 — Hokusaï. *Denshin Kaishu. Hokusaï Mangwa.* 8e volume.

Préface signée : Hozan.

Signé : Hokusaï Arataméà Katsushika Taito, cachet réticulé. Collaborateurs à Toto : Totoya Hokkei et Toenro Hokusen. Gekkotei Bokusen et Tonanzaï Hoku-un à Nagoya. Date, été, 13e de Bunka (1816). Éditeurs Takékawa Tobei, Hanabusaya Eikichi, Kadomaruya Jinsuké à Yédo et Erakuya Toshiro à Nagoya. Avant le colophon 8 pages d'annonces de Kadomaruya Jinsuké.

1 vol., haut., 225 millim.; larg., 160 millim., contenant 56 pages de dessins rehaussés. Couverture rose au petit carrelage.

Excellent tirage. Assez bon état. Quelques bas de pages un peu frottés.

La même remarque pour cet exemplaire que pour le précédent. Il appartient à l'édition collective à la fausse date 1816 et comportant les 8 pages d'annonces.

Nous connaissons une édition datée de la 14e année de Bunkwa (1817) avec les 8 pages d'annonces (Vever, prim.).

Puis une édition datée 2e de Bunsei (1819). Le colophon donne les mêmes libraires et 4 collaborateurs avec Gessaï Utamasa remplaçant Tonanzaï Hoku-un, 8 pages d'annonces.

Plus les éditions tardives.

145 — Hokusaï. *Denshin Kaishu. Hokusaï Mangwa.* 9e volume.

Préface signée : Hokujuen.

Signé : Toto Hokusaï Arataméà Katsushika Taito, cachet réticulé. Collaborateurs à Toto : Totoya Hokkei et Toenro Hokusen. Gekkotei Bokusen et Gessaï Utamasa à Nagoya. Date printemps 2e de Bunsei (1819). Éditeurs Takékawa Tobei, Hanabusaya Eikichi, Kadomaruya Jinsuké à Yédo et Erakuya Toshiro à Nagoya.

Avant le colophon 8 pages d'annonces de Kadomaruya Jinsuké.

1 vol., haut., 226 millim.; larg., 159 millim., contenant 56 pages de dessins rehaussés. Couverture carmin au petit carrelage.

Tirage moyen. Bon état.

Cet exemplaire montre un colophon identique au 2e exemplaire cité du 8e volume. Même date 2e de Bunsei, même changement de collaborateurs et 8 pages d'annonces.

Deux exemplaires semblables existent dans la collection Vever (prim. et sec.) et un autre à la Bibliothèque Nationale (dd. 656). Nous trouvons aussi (dd. 657) un autre exemplaire du 9e volume, avec colophon non daté, 2 collaborateurs, 4 libraires et une double page d'annonces.

Selon Goncourt, il se serait écoulé un intervalle de trois ans entre la publication du 8e et du 9e volume, et notre exemplaire appartiendrait à la première édition. A cette date on aurait réédité le 8e volume, d'où le colophon semblable.

Il est certain que le 8e et le 9e volume qui portent la même date 1819 et le même colophon appartiennent à une même édition. Mais il ne s'ensuit pas que notre exemplaire soit l'édition princeps pour ce volume. Nous pensons que cette édition princeps existe, avec la date 1818 ou même 1819, avec un colophon différent et sans pages d'annonces.

146 — Hokusai. *Denshin Kaishu. Hokusaï Mangwa.* 10e volume.

Préface signée : Shurodaï et datée 10e mois, 2e de Bunsei (1819).

Signé : Toto Hokusaï Aratamé Katsushika Taito, cachet réticulé. Collaborateurs à Toto : Tokoya Hokkei et Toenro Hokusen. Gekkotei Bokusen et Gessaï Utamasa à Nagoya. Date printemps, 2e de Bunsei (1819). Éditeurs Takékawa Tobei, Hanabusaya Eikichi, Kadomaruya Jinsuké à Yédo et Erakuya Toshiro à Nagoya. Avant le colophon, huit pages d'annonces de Kadomaruya Jinsuké.

1 vol., haut., 226 millim.; larg., 160 millim., contenant 56 pages de dessins rehaussés. Couverture verte au petit carrelage.

Tirage ordinaire.

Si l'hypothèse de Goncourt, que le 9e volume a paru en 1819, était admise, comment expliquer que le 10e comporte exactement le même colophon et les mêmes huit pages d'annonces ? Il s'agit donc vraisemblablement d'une édition collective avec une date inexacte.

D'autre part, en ce qui concerne le 10e volume, nous possédons un document sûr qui est la date de la préface, 10e mois de 1819. Le volume a donc paru au plus tôt fin 1819 ou peut-être début 1820. De sorte que, si nous possédions l'édition princeps du 10e volume, nous constaterions probablement qu'elle porte une date postérieure à la réédition.

La collection Vever (prim. et sec.) renferme deux exemplaires semblables au nôtre. Le 10e volume de la Bibliothèque Nationale (dd. 658) est une édition au colophon non daté avec 2 pages d'annonces.

147 — Hokusai. *Hokusaï Mangwa.* 11e volume.

Préface signée : Riutei Tanéhiko.

A la fin une double page d'annonces de Erakuya Toshiro. Éditeur Toékido à Nagoya.

1 vol., haut., 225 millim.; larg., 155 millim., contenant 56 pages de dessins rehaussés Couverture grise au petit carrelage.

Assez bon tirage. Exemplaire fatigué, taché d'encre en quelques pages.

Selon Goncourt, le 11e volume a dû paraître en 1834, avec vraisemblablement un colophon portant cette date. Notre exemplaire appartient à une réédition de quelques années postérieure. Le volume 11 de la collection Vever est semblable au nôtre.

148 — Hokusai. *Denshin Kaishu. Hokusaï Mangwa.* 12e volume.

Préface signée : Shakuyakutei et datée Kinoé Uma de Tempo (1834).

Dans la page de titre, la signature : Zen Hokusai I-itsu. Éditeur Erakuya Toshiro à Owari. Fin graveur Egawa Tomékichi. Page d'annonces. Au début cachet de possesseur Oka.

1 vol., haut., 227 millim.; larg., 156 millim., contenant 56 pages de gravures en noir. Couverture mauve, aux fuseaux entrelacés.

Bon tirage en état parfait.

Ce volume est une réimpression assez tardive. Dans la collection Vever (prim.) se trouve une édition antérieure (qui n'est pas toutefois la première) où dans la page d'annonces *in fine*, le 13e volume est donné comme à paraître.

149 — Hokusai. *Denshin Kaishu. Hokusaï Mangwa.* 13ᵉ volume.

Préface signée : Sankin Gwaïshi Ogada et datée Tsuchinoto Tori (1849). Titre donnant la signature Katsushika I-Itsu Rojin fudé. Éditeur Toékido. A la fin du volume les noms de 13 libraires. Le dernier est Erakuya Toshiro à Nagoya, l'éditeur en cette ville.

1 vol., haut., 227 millim. ; larg., 156 millim., contenant 56 pages de dessins rehaussés. Couverture rouge brique, aux fuseaux entrelacés.

Tirage moyen. Bon état.

La date de la première édition de ce volume est fournie par la préface datée de 1849, qui est aussi la date de la mort de Hokusaï.
La préface ne mentionne pas ce décès. Elle est donc antérieure. Rien n'indique par contre que l'ouvrage ait paru avant ou après.
Cette édition imprimée sur papier mince est assez tardive.

150 — Hokusai. *Denshin Kaishu. Hokusaï Mangwa.* 14ᵉ volume.

Préface signée : Yakudo O.
A la fin, une page d'annonces de l'éditeur Erakuya Toshiro à Nagoya, éditeur ayant une succursale à Yédo.

1 vol., haut., 227 millim. ; larg., 156 millim., contenant 56 pages de gravures en noir. Couverture grise, aux fuseaux entrelacés.

Assez bon tirage en parfait état.

Selon Goncourt, ce volume n'aurait pas paru avant 1875. Le présent exemplaire n'est pas la première édition.

***

Ces notes préliminaires exigeraient un complément. Il faudrait examiner un plus grand nombre de collections de la *Mangwa*. Puis encore ne pas se borner à lire les colophons et les pages d'annonces, mais comparer les exemplaires entre eux au point de vue des bois dont ils sont issus.
Les mêmes bois peuvent avoir servi pour Nagoya et Yédo qui ont probablement publié la même édition à la même date, mais avec cette variante que les pages d'annonces changeaient avec les éditeurs. Il peut arriver aussi que les bois s'étant fatigués, pour le tirage de Nagoya, on les avait restaurés ou regravés pour le tirage de Yédo — d'où nouvelles difficultés d'identification.
Quels bois servaient pour les éditions collectives ? Ce serait là un travail de longue haleine qui nécessiterait des collaborations bénévoles. S'offriront-elles?
Il serait intéressant de se renseigner sur les éditions tardives, sans colophon. Je tiens pour certain qu'il y en a plusieurs, et sûrement une en dix volumes.
J'ai eu l'espoir tout récent qu'un recoupement sérieux allait m'être apporté. M. Raymond Koechlin m'a signalé l'existence à la Bibliothèque Nationale d'un fonds Siebold — entré vers 1830 — et contenant des volumes de la *Mangwa*. Cette date confirmée, authentiquée par un registre d'entrée et la certitude m'était fournie que les volumes que je verrai se placeraient antérieurement à cette date. Une enquête rapide m'apprit que le fonds Siebold se trouvait au Département des Manuscrits où on le classait comme chinois. Je pus avoir communication des exemplaires de la *Mangwa* qui s'y trouvent.
Le fonds Siebold contient 10 volumes de la *Mangwa* réunis en trois tomes sous reliure européenne.
Le 1ᵉʳ tome contient le 5ᵉ volume mis à la place du 1ᵉʳ, le 2ᵉ, le 3ᵉ et le 4ᵉ, tous sans date et sans colophon.

Le 2e tome contient les volumes 5e (pour la 2e fois), 6e et 7e.

Le 5e seul a un colophon sans date avec la signature au cachet réticulé et les noms des quatre libraires.

Le 3e tome contient le 8e volume avec le colophon daté 2e de Bunsei (1816), les quatre libraires et les quatre collaborateurs dont Gessaï Utamasa, les 9e et 10e volumes sans date.

Si la date fournie par M. Koechlin se trouvait vérifiée, on posséderait la certitude qu'une édition collective en dix volumes était antérieure à 1830. Malheureusement le Département des Manuscrits semble ignorer et ce que contient le fonds Siebold et quand ce fonds est entré. Je me permets de suggérer que le dit fonds ne contient probablement rien de chinois mais seulement des livres japonais et qu'il pourrait être utilement transporté au Cabinet des Estampes.

D'autre part, un fonds Siebold beaucoup plus considérable se trouve à Leyde, au Musée Ethnographique.

J'ai demandé si l'on pouvait me renseigner sur la date d'entrée de l'exemplaire de la *Mangwa* qui s'y trouve. Grâce à l'obligeance de M. Gallois j'ai le renseignement suivant, fourni par le bibliothécaire du Musée : « Selon toute probabilité la *Mangwa* est entrée au Musée en 1845. C'est du moins à cette date qu'une collection considérable a été achetée à von Siebold. »

Je crois savoir qu'une collection considérable de livres et d'estampes japonais fut achetée au major von Siebold vers la date indiquée 1845, mais qu'auparavant, et peut-être à l'époque indiquée par M. Koechlin, Siebold avait fait don d'un certain nombre de pièces tant au Louvre qu'au Musée de Leyde. Il conviendrait de mener une enquête sur ces faits.

Il ne semble pas que quiconque s'y soit jusqu'à présent intéressé. Il est possible que cette indifférence persiste.

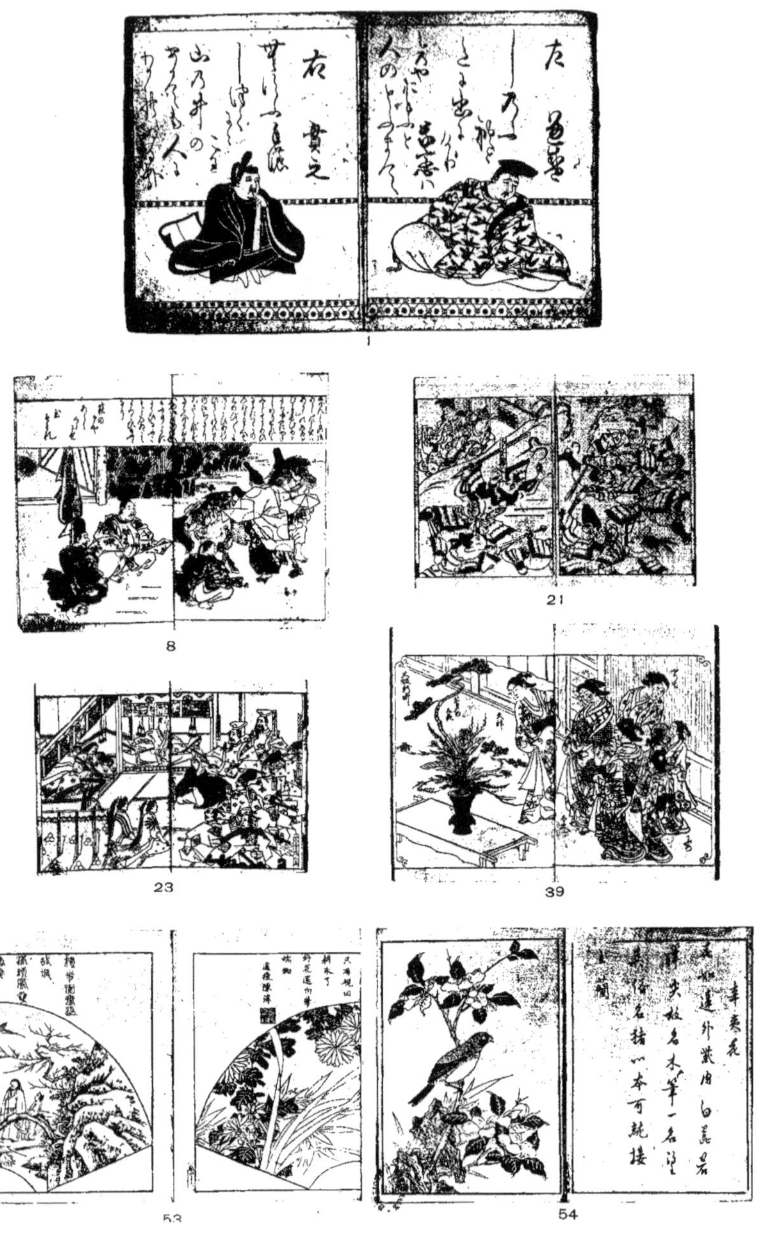

1

8

21

23

39

53

54

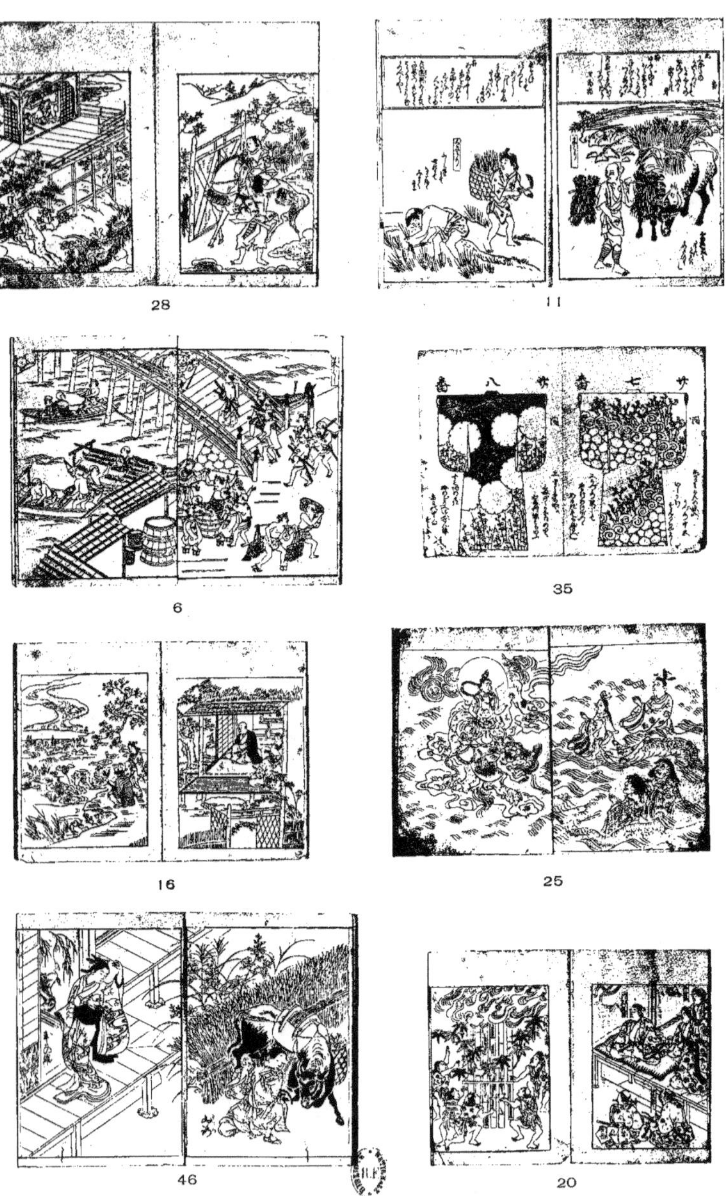

28 11

6 35

16 25

46 20

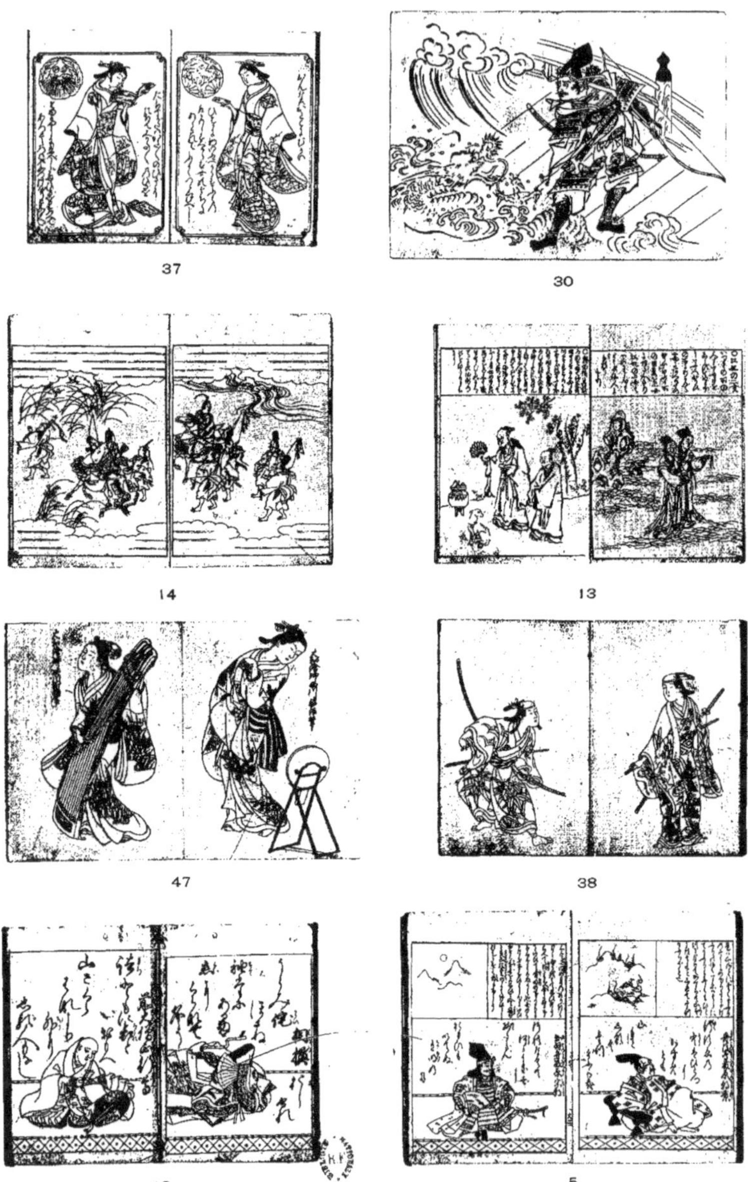

37 30 14 13 47 38 19 5

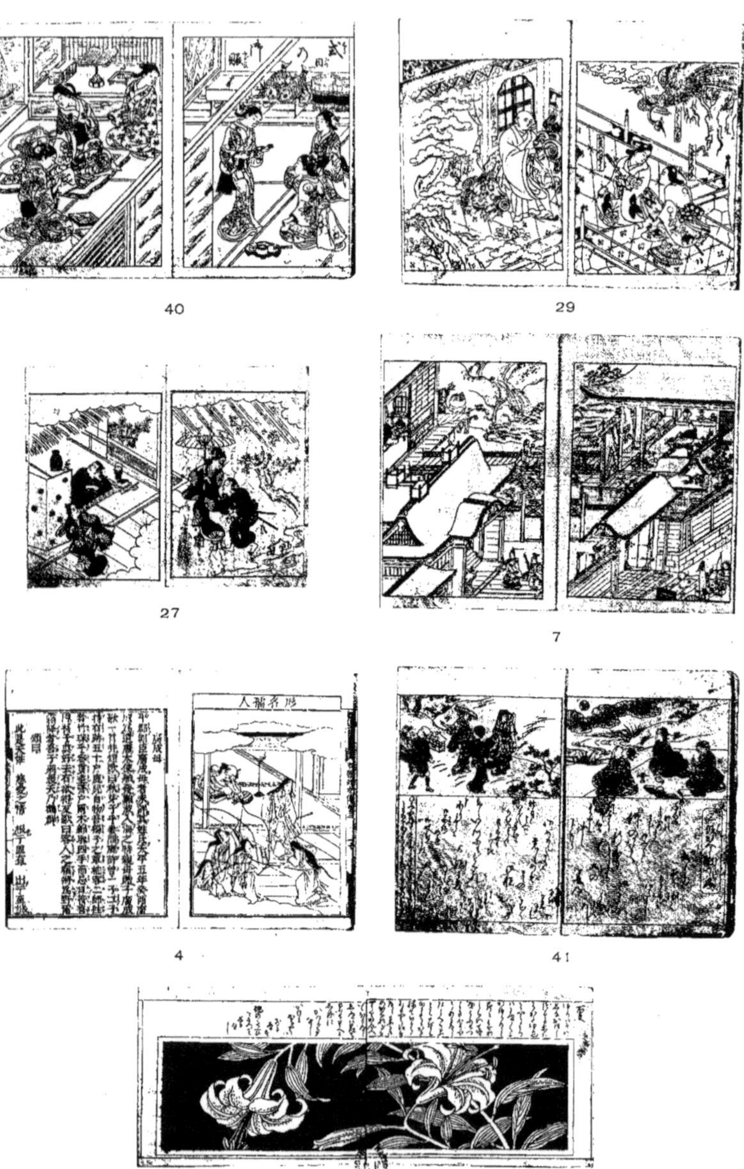

40 29 27 7 4 41 56

57

65

108

68

62

59

10

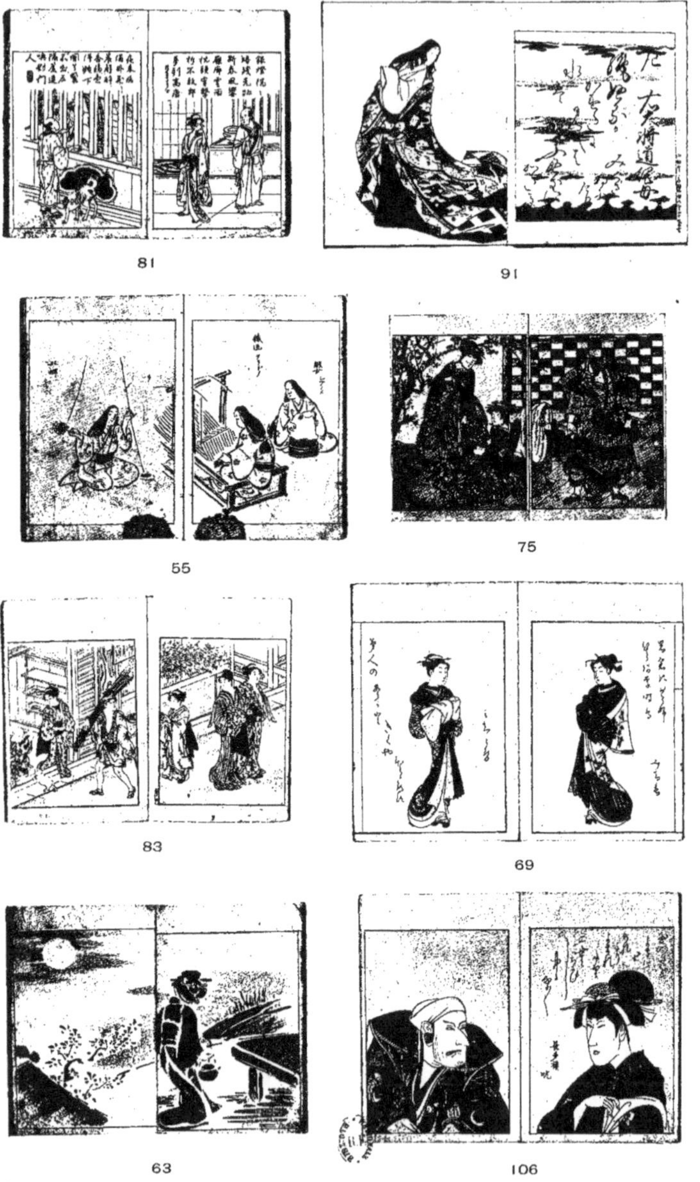

81 91 55 75 83 69 63 106

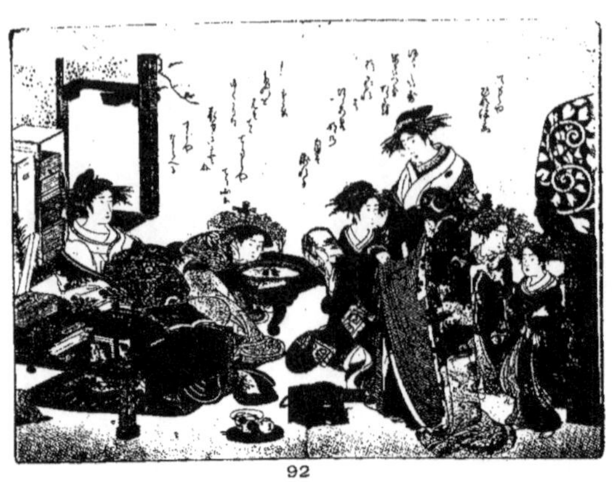

92

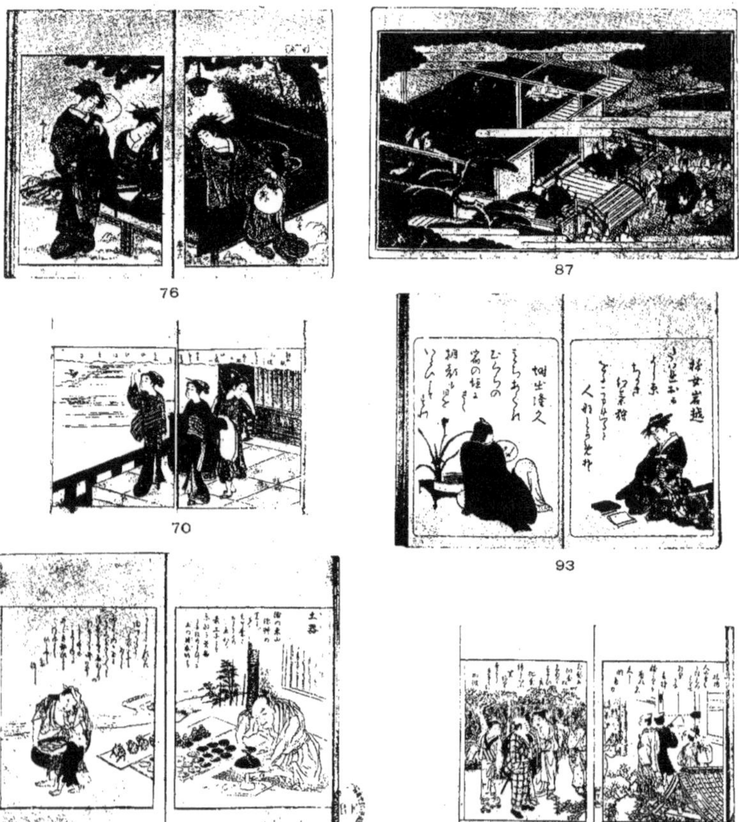

76

87

70

93

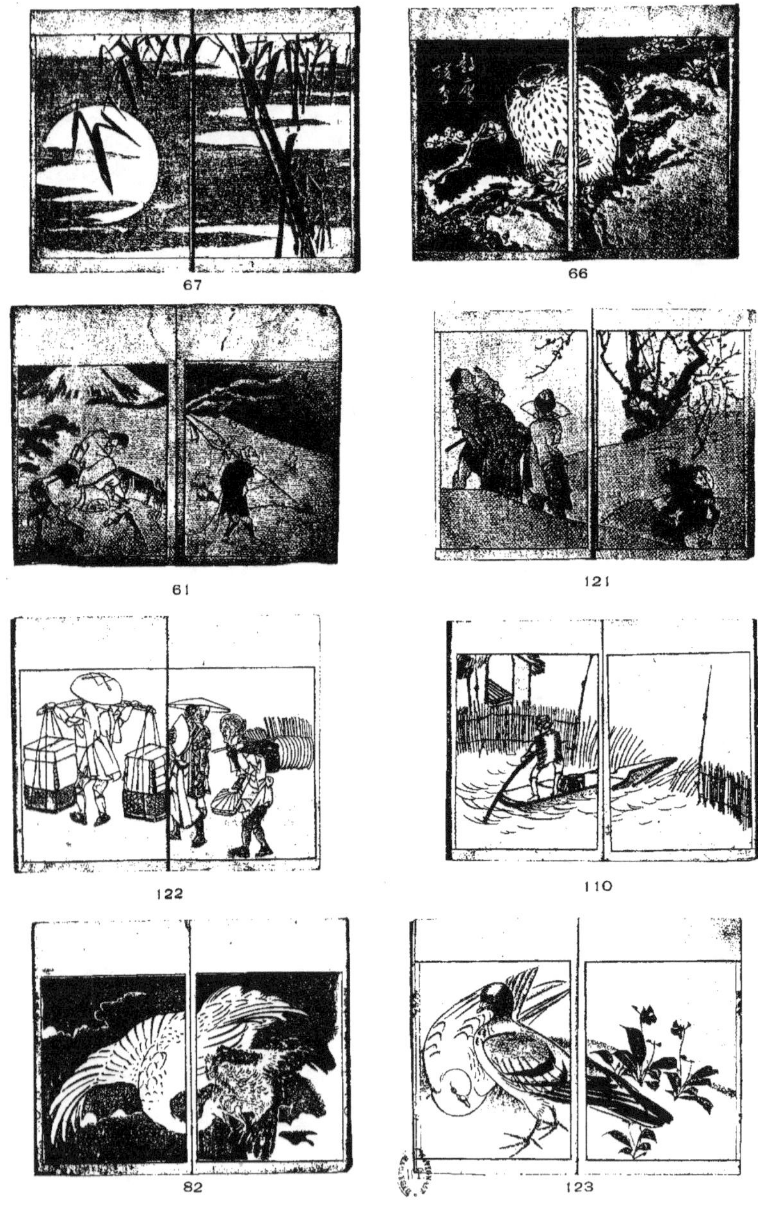

67 66

61 121

122 110

82 123

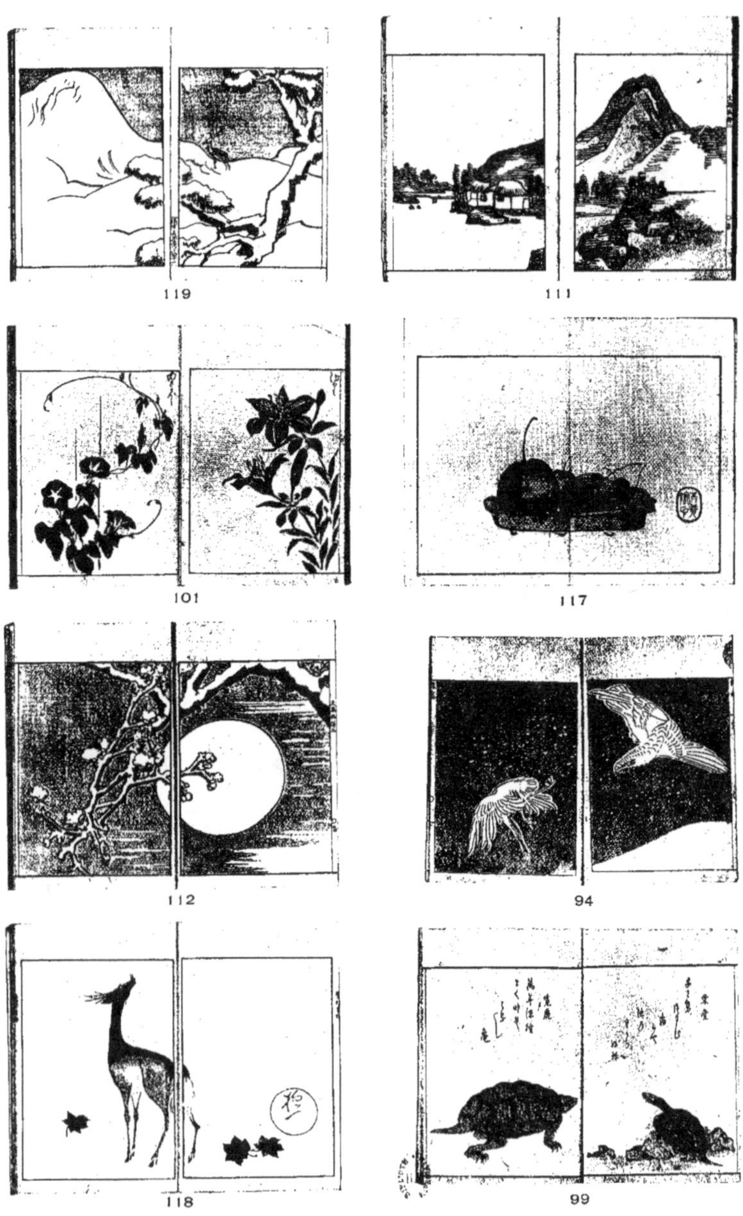

119 111 101 117 112 94 118 99

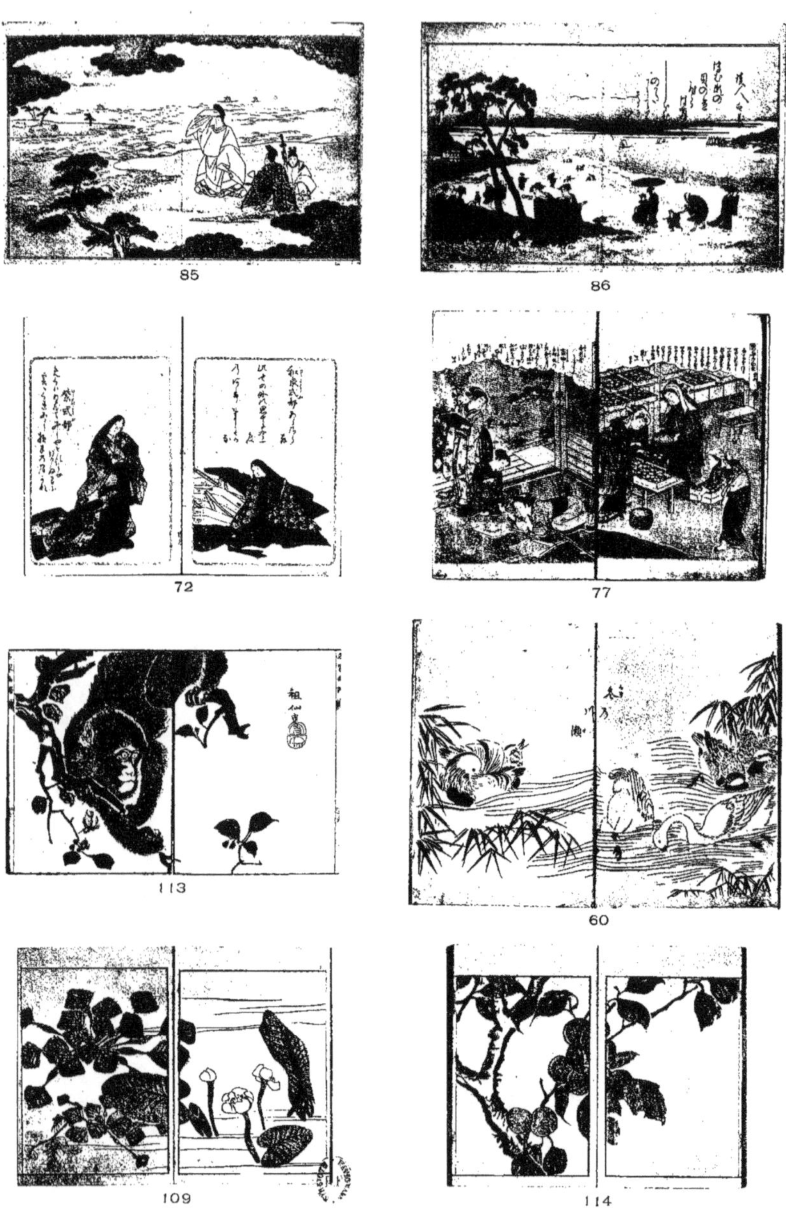

85 86
72 77
113 60
109 114

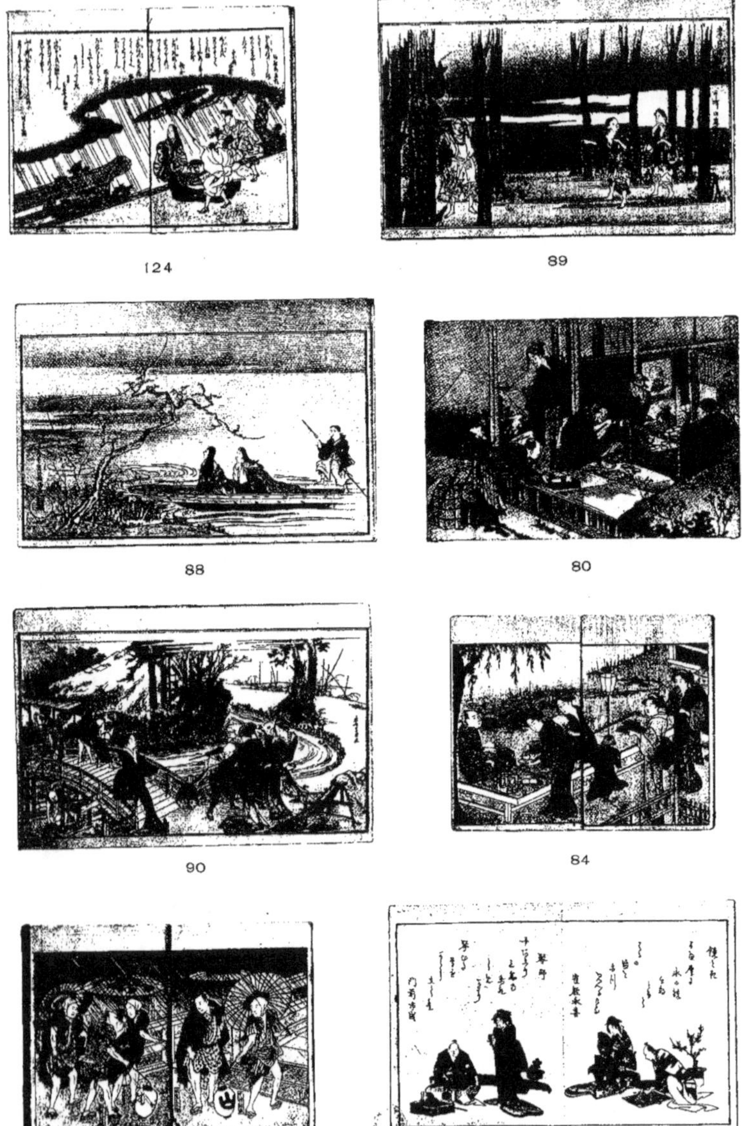

124 89

88 80

90 84

104 128

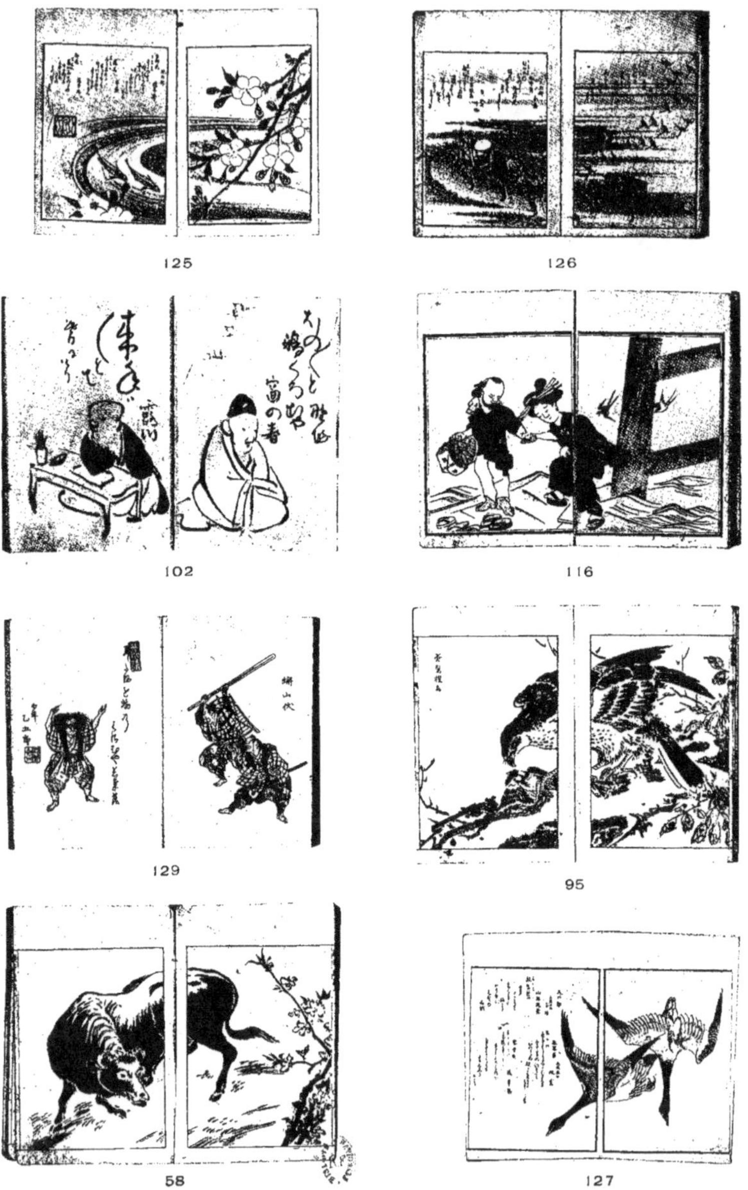

125 126

102 116

129 95

58 127

www.ingramcontent.com/pod-product-compliance
Lightning Source LLC
LaVergne TN
LVHW010832120826
845149LV00016B/993

* 9 7 8 2 3 2 9 1 7 9 6 2 9 *